Entwicklung neuer Ansätze zum nachhaltigen Planen und Bauen

Reihe herausgegeben von

Markus Koschlik, Meiningen, Thüringen, Deutschland

Deutschland hat sich zum Ziel gesetzt, den Gebäudebestand, der durch Herstellung und Nutzung für einen erheblichen Anteil der Treibhausgasemissionen verantwortlich ist, bis zur Mitte des 21. Jahrhunderts nahezu klimaneutral zu gestalten. Darüber hinaus erfordern der schonende Umgang mit Ressourcen, der Übergang zu einer Circular Economy sowie die konsequente Verankerung der Prinzipien Effizienz, Konsistenz und Suffizienz ein grundlegendes Umdenken beim Planen, Errichten, Nutzen und Rückbauen unserer gebauten Umwelt.

Zentrale Projektentscheidungen werden jedoch nach wie vor häufig primär auf Basis kurzfristiger ökonomischer Kennwerte, insbesondere der Herstellkosten, getroffen. Dabei zeigt sich, dass das in der Errichtung günstigste Bauwerk über den gesamten Lebenszyklus hinweg selten das wirtschaftlichste und noch seltener das nachhaltigste ist. Umso wichtiger ist es, alle Akteure des Bauwesens dafür zu sensibilisieren, Nachhaltigkeit nicht nur zu dokumentieren, sondern sie systematisch als Entscheidungsgrundlage in Planungs, Bau und Nutzungsprozessen zu verankern.

Die Buchreihe versammelt Arbeiten, die im Rahmen des dualen Studiums an der Dualen Hochschule Baden-Württemberg (DHBW) entstanden sind. Sie folgen einer fundierten wissenschaftlichen Methodik und greifen zugleich konkrete Fragestellungen aus der beruflichen Praxis auf. Durch diese enge Verzahnung entstehen belastbare und anwendungsnahe Erkenntnisse, die sowohl zur fachlichen Weiterentwicklung als auch zur Transformation des Bauwesens hin zu einer langfristig nachhaltigen Bauwirtschaft beitragen.

Herausgeber der Reihe ist Markus Koschlik, Professor für Bauingenieurwesen an der Dualen Hochschule Baden-Württemberg Mosbach. Zu seinen Lehrinhalten zählen unter anderem nachhaltiges Bauen, Projektmanagement und Baubetrieb. In Lehre, Forschung und Praxis befasst er sich mit der Entwicklung und Anwendung fundierter Methoden für Planungs, Bau und Entscheidungsprozesse unter besonderer Berücksichtigung von Nachhaltigkeitsaspekten.

Marcel Lambrecht

Vom Werk zur Baustelle

Entwicklung eines Bewertungsansatzes für CO_2-Emissionen durch Materialtransporte im Bauwesen

Springer Vieweg

Marcel Lambrecht
Heilbronn, Deutschland

ISSN 2948-1007 ISSN 2948-1015 (electronic)
Entwicklung neuer Ansätze zum nachhaltigen Planen und Bauen
ISBN 978-3-658-51425-9 ISBN 978-3-658-51426-6 (eBook)
https://doi.org/10.1007/978-3-658-51426-6

Die Deutsche Nationalbibliothek verzeichnet diese Publikation in der Deutschen Nationalbibliografie; detaillierte bibliografische Daten sind im Internet über https://portal.dnb.de abrufbar.

Das eingereichte Manuskript wurde ins Deutsche übersetzt. Die Übersetzung wurde mit künstlicher Intelligenz erstellt. Um eine hohe Qualität der Übersetzung zu gewährleisten, wurde sie anschließend von den Autor*innen inhaltlich geprüft und ggf. überarbeitet. In stilistischer Hinsicht kann sie sich dennoch von einer herkömmlichen Übersetzung unterscheiden.

Springer Vieweg ist ein Imprint der eingetragenen Gesellschaft Springer Fachmedien Wiesbaden GmbH und ist ein Teil von Springer Nature.
Die Anschrift der Gesellschaft ist: Abraham-Lincoln-Str. 46, 65189 Wiesbaden, Germany

Wenn Sie dieses Produkt entsorgen, geben Sie das Papier bitte zum Recycling.

Vorwort Herausgeber

Die Bauwirtschaft befindet sich inmitten eines tiefgreifenden Wandels – ein Wandel, der angesichts der drängenden gesellschaftlichen Herausforderungen unumgänglich ist. Studien zeigen, dass etwa 40 % aller CO_2-Emissionen in Deutschland auf die Herstellung, Errichtung, Modernisierung und Nutzung von Wohn- und Nichtwohngebäuden entfallen. Hinzu kommt, dass die Bauwirtschaft branchenübergreifend die meisten Rohstoffe verbraucht und mit über 50 % den größten Anteil am Abfallaufkommen verursacht. Zudem führt die Erschließung neuer Siedlungs- und Verkehrsflächen täglich zu einem Flächenverbrauch von über 50 ha. Diese Zahlen verdeutlichen: Die Bauwirtschaft trägt eine besondere Verantwortung, ihre Prozesse und Produkte nachhaltig zu transformieren.

Mit der Reihe „Entwicklung neuer Ansätze zum nachhaltigen Planen und Bauen" soll diese notwendige Transformation unterstützt werden. Sie bietet Raum für innovative Ideen, Konzepte und Methoden, die von Studierenden der Dualen Hochschule Baden-Württemberg (DHBW) Mosbach entwickelt wurden. Dank des dualen Studienmodells verfügen die Autoren bereits während ihrer Studienzeit nicht nur über fundiertes theoretisches Wissen, sondern auch über mehrjährige berufliche Praxiserfahrung in Unternehmen und öffentlichen Verwaltungen. Die vorgestellten Arbeiten sind daher nicht nur theoretisch fundiert, sondern auch hoch praxisrelevant und direkt anwendbar. Ein besonderer Fokus der Reihe liegt auf nachhaltigem Planen und Bauen in all seinen Facetten. Sie betrachtet sämtliche Lebenszyklusphasen von Gebäuden – von der frühen Projektentwicklung über die Bauphase und Nutzung bis hin zum Rückbau sowie der Wiederverwendung, Verwertung oder Entsorgung von Materialien. Dabei werden immer wieder Schnittstellen zu angrenzenden Fachbereichen wie Projektmanagement, Lean Construction oder Building Information Modeling (BIM) aufgegriffen. Ziel ist es, einen fundierten und praxisorientierten Beitrag zur Gestaltung einer zukunftsfähigen Bauwirtschaft zu leisten.

Im Zentrum dieses Bandes steht die Bachelorarbeit von Marcel Lambrecht, die sich der systematischen Erfassung und Bewertung von CO_2-Emissionen aus Materialtransporten im Bauwesen widmet. Die Arbeit entwickelt einen klar strukturierten, methodisch fundierten Ansatz, der sowohl wissenschaftliche als auch praktische Anforderungen berücksichtigt und die Bedeutung transportbedingter Emissionen für nachhaltige Bauprojekte eindrucksvoll herausarbeitet.

Besonders hervorzuheben ist die gelungene Verbindung aus fundierter Analyse, methodischer Modellierung und praktischer Umsetzung. Die Arbeit zeichnet sich durch eine hohe wissenschaftliche Tiefe, eine präzise Herleitung der Methodik und eine bemerkenswerte Eigeninitiative aus. Das entwickelte Tool bietet einen greifbaren Mehrwert für die Praxis, indem es die Berechnung und Bewertung von Transportemissionen transparent, nachvollziehbar und anwenderorientiert unterstützt. Die Verbindung aus Theorie, Methodik und Praxisnutzen macht die Arbeit zu einem wertvollen Beitrag für die Weiterentwicklung der Ökobilanzierung im Bauwesen.

Insgesamt zeigt die Arbeit eindrucksvoll, wie wissenschaftliche Genauigkeit und praktische Relevanz miteinander verknüpft werden können und liefert ein bedeutendes Instrument für zukünftige Anwendungen in Planung und Projektsteuerung.

16.11.2025 Markus Koschlik

Vorwort

An erster Stelle gilt mein besonderer Dank meinen Betreuer seitens der Hochschule, Herrn Professor Dr.-Ing. Markus Koschlik. Ich danke ihm für die stets fachkundige und konstruktive Betreuung dieser Arbeit. Seine wertvollen Anregungen halfen mir maßgeblich dabei, die wesentlichen Schwerpunkte zu identifizieren und die Arbeit in ihre finale Form zu bringen. Darüber hinaus danke ich ihm dafür, dass er mir durch seine Vorlesungen nicht nur die Themen Nachhaltigkeit allgemein und das nachhaltige Bauen nahegebracht hat, sondern vor allem auch die Kompetenz vermittelt hat, bestehende Ansätze kritisch zu hinterfragen, um weiteres Verbesserungspotenzial zu finden.

Ebenso herzlich möchte ich mich bei Frau Marina Fischer bedanken. Sie gab mir nicht nur die Möglichkeit, dieses praxisnahe Thema in der Firma zu bearbeiten, sondern steuerte auch die entscheidende Idee bei, den Fokus auf die Transportdistanzen zu legen. Mein Dank gilt an dieser Stelle auch Frau Katharina Dietrich, mit der ich bereits in der ursprünglichen Findungsphase wertvolle Diskussionen über mögliche Nachhaltigkeitsthemen führen durfte.

Ein großer Dank gebührt der Firma Kaufland, die mir über eine Ausbildung und das duale Studium hinweg sehr lehrreiche und prägende Jahre ermöglicht hat. Ich habe das kollegiale und fördernde Umfeld stets sehr geschätzt und möchte mich daher selbstverständlich bei meiner gesamten Abteilung und allen Kolleginnen und Kollegen bedanken, mit denen ich auf meinem Weg zusammenarbeiten durfte.

Aus diesem Kreis möchte ich einige Personen besonders hervorheben: Meinem Ausbilder, Herrn Zoran Mihailov, danke ich für die durchgehende Begleitung über die drei Jahre des Studiums, die mich optimal auf den Berufseinstieg sowie diese Abschlussarbeit vorbereitet hat. Großer Dank gilt ebenfalls Herrn Marian Michael und Herrn Mischa Wüst. Ich danke ihnen herzlich für ihre wertvolle fachliche und menschliche Unterstützung, insbesondere in der Endphase meines Studiums, sowie für das sorgfältige Korrekturlesen der finalen Arbeit.

Der allergrößte Dank gilt meiner Frau, Natalia Lambrecht. Sie hat mir nicht nur während der intensiven Zeit der Bachelorarbeit, sondern während des gesamten Studiums den

Rücken gestärkt und mich unermüdlich unterstützt. Ohne ihren Rückhalt wäre ich nicht an dem Punkt, an dem ich heute stehe. Schließlich danke ich meinen guten Freunden, die mir abseits der Arbeit den nötigen Ausgleich verschafft und mich ebenfalls unterstützt haben.

Abschließend verbinde ich mit dieser Arbeit die Hoffnung, das Thema der Transportdistanzen im nachhaltigen Bauen näher beleuchtet zu haben. Es ist mein Anliegen, eine Diskussion darüber anzuregen, wie die entsprechenden Module in Umweltproduktdeklarationen (EPD) zukünftig besser bewertet werden können. Nicht zuletzt hoffe ich, dass deutlich wurde, welch erhebliches Verbesserungspotenzial vor allem in der Herstellungsphase von Baustoffen – allen voran Beton – liegt.

Marcel Lambrecht

Competing Interests Der/die Autor*in hat keine relevanten Interessenskonflikte im Zusammenhang mit dieser Publikation.

Inhaltsverzeichnis

Abkürzungsverzeichnis

BBSR	Bundesinstituts für Bau-, Stadt- und Raumforschung
BGF	Bruttogrundfläche
CEN	Europäisches Komitee für Normung
DGNB	Deutsche Gesellschaft für nachhaltiges Bauen
DIN	Deutsches Institut für Normung
DLR	Deutsches Zentrum für Luft- und Raumfahrt
EN	Europäische Norm
EPD	Environmental Product Declaration
fkm	Fahrzeug-Kilometer
GWP	Global Warming Potenzial
HBEFA	Handbuch Emissionsfaktoren des Straßenverkehrs
ifeu	Institut für Energie- und Umweltforschung
ISO	International Organization for Standardization
LCA	Life-Cycle-Assessment
LV	Leistungsverzeichnis
ÖUBA	Österreichisches Umweltbundesamt
PEF	Product Environmental Footprint
pkm	Personenkilometer
SO_2	Schwefeldioxid
TCE	Transportchain Elements
THG	Treibhausgasemissionen
tkm	Tonnenkilometer
TOC	Transport Operation Categories
TREMOD	Transport Emission Model Deutschland
TTW	Tank-to-Wheel
UBA	Umweltbundesamt (Deutschland)
vgl.	Vergleiche
WTT	Well-to-tank
WTW	Well-to-Wheel

Abbildungsverzeichnis

Tabellenverzeichnis

Einleitung 1

1.1 Motivation

Die Baubranche gehört zu den weltweit größten Verursachern von CO_2-Emissionen und trägt damit erheblich zum Klimawandel bei [6]. Ein zentraler Treiber ist dabei die Wahl der eingesetzten Baustoffe: Insbesondere konventionelle Materialien wie Beton oder Stahl sind aufgrund ihrer energieintensiven Herstellung besonders emissionsreich [9, 10].

Zur Verbesserung der Klimabilanz von Bauprojekten hat sich die Lebenszyklusanalyse (LCA) als wichtiges Instrument etabliert [2]. Sie ermöglicht eine umfassende Bewertung der Umwelteinwirkungen eines Gebäudes über alle Phasen hinweg, von der Rohstoffgewinnung über die Nutzungsphase bis hin zum Rückbau [5]. Bislang fokussieren sich viele Ökobilanzen in der Praxis nur auf die Herstellungs-, Nutzungs- und Entsorgungsphase. Transportemissionen werden hingegen häufig nur pauschal berücksichtigt oder sogar vollständig vernachlässigt, obwohl sie insbesondere bei großvolumigen oder schwer zu transportierenden Bauteilen einen relevanten Anteil an den Gesamtemissionen ausmachen können (vgl. [2, 7]).

Ein Beispiel hierfür ist die Verwendung von Holz als nachhaltiger Baustoff. Holz gilt aufgrund seiner CO_2-Speicherfähigkeit als klimafreundliche Alternative zu Stahlbeton (vgl. [12]). Bei Betrachtung der gesamten Lieferkette können jedoch die Transportemissionen, insbesondere bei internationalen Bezugsquellen, die positiven Effekte deutlich mindern. Eine Studie von Gu, H. et al. [8] zeigt, dass die Transportdistanz bei einem 12-stöckigen Gebäude maßgeblich Einfluss auf den Global Warming Potenzial-Wert (GWP) hat [8]. Während regional bezogenes Holz mit 4,7 CO_2-eq./m^3 bilanziert wird, liegen die Emissionen bei importiertem Holz bei bis zu 47 kg CO_2-eq./m^3 (vgl. Gu, H. et al. [8]). In manchen Fällen kann die Stahlbetonvariante eine günstigere Klimabilanz aufweisen (vgl. [8]).

M. Lambrecht, *Vom Werk zur Baustelle*, Entwicklung neuer Ansätze zum nachhaltigen Planen und Bauen, https://doi.org/10.1007/978-3-658-51426-6_1

In der öffentlichen Wahrnehmung wird Holz oft mit Regionalität gleichgesetzt. Tatsächlich können jedoch viele Holzbauteile aus globalen Lieferketten stammen [11]. Deren Emissionswirkungen werden in den Umweltproduktdeklarationen (EPD) teils nur unzureichend abgebildet (vgl. [4]). Dies kann zu Verzerrungen in der Ökobilanz führen und das Risiko von unbeabsichtigtem Greenwashing bergen.

Vor dem Hintergrund europäischer Klimaziele und regulatorischer Anforderungen, etwa im Rahmen der EU-Taxonomie, steigt der Druck auf Bauherren, Planer und Investoren, belastbare und vergleichbare Nachhaltigkeitsbewertungen vorzulegen [3]. Eine realistische Einbeziehung von Transportemissionen ist hierfür unerlässlich.

Ein besonders relevanter Anwendungsfall ergibt sich im Bereich des Lebensmitteleinzelhandel. Diese Gebäudetypen weisen durch große Verkaufsflächen, weit gespannte Dachkonstruktionen und standardisierte Bauweisen eine hohe Relevanz für Tragwerksvergleiche auf. Konventionelle Stahlbetonkonstruktionen stehen hier zunehmend alternativen Holztragwerken gegenüber. Aufgrund der typischen Bauweise und der hohen Anzahl an Projekten kann insbesondere die Wahl des Tragwerks einen signifikanten Einfluss auf die gebäudebezogenen CO_2-Emissionen haben, weshalb diese Gebäudetypologie im Fokus der vorliegenden Arbeit steht.

1.2 Zielsetzung und Forschungsfragen

Ziel dieser Arbeit ist es, den Einfluss von Transportemissionen auf die CO_2-Bilanz von Tragwerkskonstruktionen im Hochbau systematisch zu untersuchen und eine belastbare Methodik zu entwickeln. Mithilfe dieser Methodik sollen sich die Emissionen der Transportmodule A2 (Transport des Rohstoffes zum Werk) und A4 (Transport vom Werk zur Baustelle) präzise, nachvollziehbar und projektspezifisch in Lebenszyklusanalysen integrieren lassen (vgl. [5]).

Die Lebenszyklusanalyse unterteilt den gesamten Umweltwirkungsverlauf eines Bauprodukts in verschiedene Module, die die Phasen Herstellung, Nutzung, Entsorgung und Transport abbilden [4]. Die Module A2 und A4 beschreiben dabei speziell die Emissionen, die durch Transporte innerhalb der Lieferkette entstehen [5].

Die Methode wird anhand eines Tragwerksvergleichs zweier realisierter Einzelhandelsimmobilien angewendet und in Form eines Excel-basierten Berechnungstools, welches in diesem Fall als Entscheidungsvorlage dienen soll, umgesetzt. Es ermöglicht die Eingabe variabler Parameter wie Transportmittel, Distanz und Gewicht und liefert GWP-Werte in kg CO_2-Äquivalenten als Ergebnis. Die Entwicklung erfolgt innerhalb des zeitlich begrenzten Rahmens dieser Bachelorarbeit und basiert auf anerkannten Normen (u. a. DIN EN ISO 14083). Um die Ergebnisse des entwickelten Tools zu validieren und im aktuellen Stand der Technik einzuordnen, werden die Berechnungen zudem mit den Resultaten der etablierten Softwarelösung „CarbonCare“ verglichen.

Ein weiterer Bestand der Arbeit ist die Auswertung bestehender Umwelt-Produktdeklarationen (EPDs) hinsichtlich der Nachvollziehbarkeit von Transportemissionen (z. B. Berechnungsgrundlage oder getroffene Annahmen). Das Ziel besteht darin, potenzielle Transparenzdefizite aufzuzeigen und durch eigene Berechnungen zu bewerten, inwiefern sich spezifische Annahmen auf das Ergebnis der Ökobilanz auswirken.

Daraus ergeben sich folgende Forschungsfragen:

- *Wie signifikant ist der Anteil der Transportemissionen an der Gesamt-CO_2-Bilanz ausgewählter Tragwerkskonstruktionen im Lebensmitteleinzelhandel?*
- *Ab welchen Transportdistanzen oder -bedingungen kehrt sich der ökologische Vorteil von Holzkonstruktionen im Vergleich zu Stahlbeton um?*
- *Wie kann eine Methodik entwickelt werden, die eine anwendungsfreundliche, transparente und nachvollziehbare Bilanzierung von Transportemissionen ermöglicht und dabei flexible Eingabemöglichkeiten für projektspezifische Einflussgrößen (z. B. Transportmittel, Transportdistanzen, Materialart) bietet?*
- *Wie Transparent und nachvollziehbar sind die Angaben zu den Modulen A2 und A4 in EPDs von Holzprodukten und inwiefern ergeben sich bei einer eigenen Berechnung unter Berücksichtigung realer Transportdistanzen signifikante Abweichungen zu den standardisierten EPD-Werten?*

1.3 Abgrenzung

Der Schwerpunkt dieser Arbeit liegt auf der Entwicklung einer Methodik zur Integration von Transportemissionen in bestehende Ökobilanzen. Anhand eines praxisnahen Beispiels wird diese Methodik getestet und validiert. Als Anwendungsfall dient der Vergleich zweier Tragwerksvarianten für den Neubau von Immobilien des Lebensmitteleinzelhandels.

Die Wahl dieses Anwendungsfalls beruht auf den standardisierten Bauweisen, der hohen Anzahl an Projekten und dem überproportionalen Einfluss des Tragwerks auf die CO_2-Bilanz von Einzelhandelsimmobilien (mehr hierzu in Abschn. 2.2 und 5.1). Die untersuchten Kaufland-Projekte dienen als repräsentative Grundlage. Die Methodik soll jedoch auf andere Gebäudetypen mit einem vergleichbaren Tragwerksaufbau, wie er beispielsweise bei Industriehallen zu finden ist, übertragbar sein.

Der Tragwerksvergleich (Holz- vs. Stahlbetonkonstruktion) dient nicht dem Selbstzweck, sondern als Testfall, um die Praxistauglichkeit und Aussagekraft der entwickelten Methodik zu prüfen. Die Bewertung erfolgt ausschließlich auf Basis des GWP-Fossil-Wertes, da transportbedingte Treibhausgasemissionen (THG, im Folgenden als „Transportemissionen" bezeichnet) maßgeblich auf den Einsatz fossiler Energieträger zurückzuführen sind.

Ein wesentlicher Bestandteil der entwickelten Methodik ist ein Tool, das die Berechnung von Transportemissionen ermöglicht. Es ist wichtig zu betonen, dass dieses Tool nicht primär eine vollständige Transportkette abbildet, sondern die separate Berechnung einzelner Transportvorgänge gestattet. Dies ermöglicht eine granulare Analyse, bei der spezifische Vorgänge wie der Transport, Umschlagprozesse oder auch Sondertransporte individuell bilanziert werden können.

Die Arbeit fokussiert sich ausschließlich auf die Transportmodule in der Herstellung (A2 und A4), weitere Transporte wie im Rahmen von Instandhaltungen oder -setzungen oder beim Rückbau (Modul C2) werden im Anwendungsbeispiel nicht explizit berechnet, bei der Bewertung der Ergebnisse allerdings berücksichtigt. Dementsprechend liegt der Fokus bei der Recherche auf den Modulen A2 und A4.

An einigen Stellen sind Annahmen erforderlich, wenn keine belastbaren Literaturwerte vorliegen. Diese Annahmen werden transparent dokumentiert: für die Methodik in Abschn. 4.3 und für das Anwendungsbeispiel in Kap. 5.

Da Bodenplatte und Fundamente unabhängig von der Tragwerksvariante in Stahlbeton ausgeführt werden, werden sie in die Bilanzierung einbezogen. Abweichungen in Dimensionierung oder Kubatur, die durch unterschiedliche Lastabtragungen bedingt sind, werden berücksichtigt.

Andere Umweltindikatoren wie das Versauerungspotenzial (AP), das photochemische Ozonbildungspotenzial (POCP) oder die Partikelmasse (PM), die gemäß DIN EN 15804 ebenfalls in Ökobilanzen berücksichtigt werden, werden in dieser Arbeit nicht berechnet. Dies würde eine erweiterte Methodik erfordern, die den Rahmen dieser Arbeit überschreitet.

1.4 Vorgehensweise

Die vorliegende Arbeit folgt einem systematischen Aufbau, der sowohl theoretische Grundlagen als auch eine praxisorientierte Anwendung umfasst. Nach der Einleitung werden zunächst im theoretischen Teil die grundlegenden Inhalte zur CO_2-Bilanzierung und Lebenszyklusanalyse vermittelt. Darauf aufbauend erfolgt eine strukturierte Auseinandersetzung mit bestehenden Normen, Bewertungsmethoden sowie Software-Tools zur Ermittlung von CO_2-Emissionen im Bauwesen, mit besonderem Fokus auf die Transportmodule A2 und A4 im Lebenszyklus. Das Kapitel endet mit einer Auswertung unterschiedlicher EPDs mit Blick auf die Nachvollziehbarkeit der angegebenen Transportemissionen.

Im anschließenden Methodikteil wird ein systematischer Bewertungsansatz entwickelt, der die Bilanzierung von Transportemissionen in bestehende Ökobilanzierungen integriert. Dieser Prozess umfasst:

- die Festlegung der Systemgrenzen und Bilanzierungsphasen,

- die Ableitung von Einflussgrößen auf Transportemissionen (1),
- die Festlegung von Berechnungsgrundlagen auf Basis relevanter Normen (z. B. DIN EN 15804, DIN EN ISO 14083),
- sowie die Definition von praxisgerechten Annahmen für die spätere Auswertung.

Das Ergebnis dieses Kapitels ist eine anwendbare Berechnungslogik, umgesetzt in Form eines Berechnungstools (z. B. als Excel-Tool), das projektspezifische Szenarien abbilden kann.

Zur Validierung und Anwendung der entwickelten Methodik erfolgt ein quantitativer Vergleich von zwei realen Tragwerksvarianten (Holz- und Stahlbetonvariante) bei Einzelhandelsimmobilien durchgeführt. Anhand dieses Fallbeispiels wird die Praxistauglichkeit des Tools demonstriert und der Einfluss der Transportemissionen konkret analysiert.

Abschließend werden die Ergebnisse hinsichtlich ihrer Aussagekraft sowie Praxistauglichkeit ausgewertet. Die Arbeit schließt mit einer Zusammenfassung der zentralen Erkenntnisse und einem Ausblick auf weitere Forschungsbedarfe ab. Die Struktur der Arbeit ist exemplarisch in Abb. 1.1 dargestellt. Den ersten Schritt dieser Vorgehensweise bildet die Schaffung einer fundierten Wissensbasis, die im folgenden Kapitel dargelegt wird.

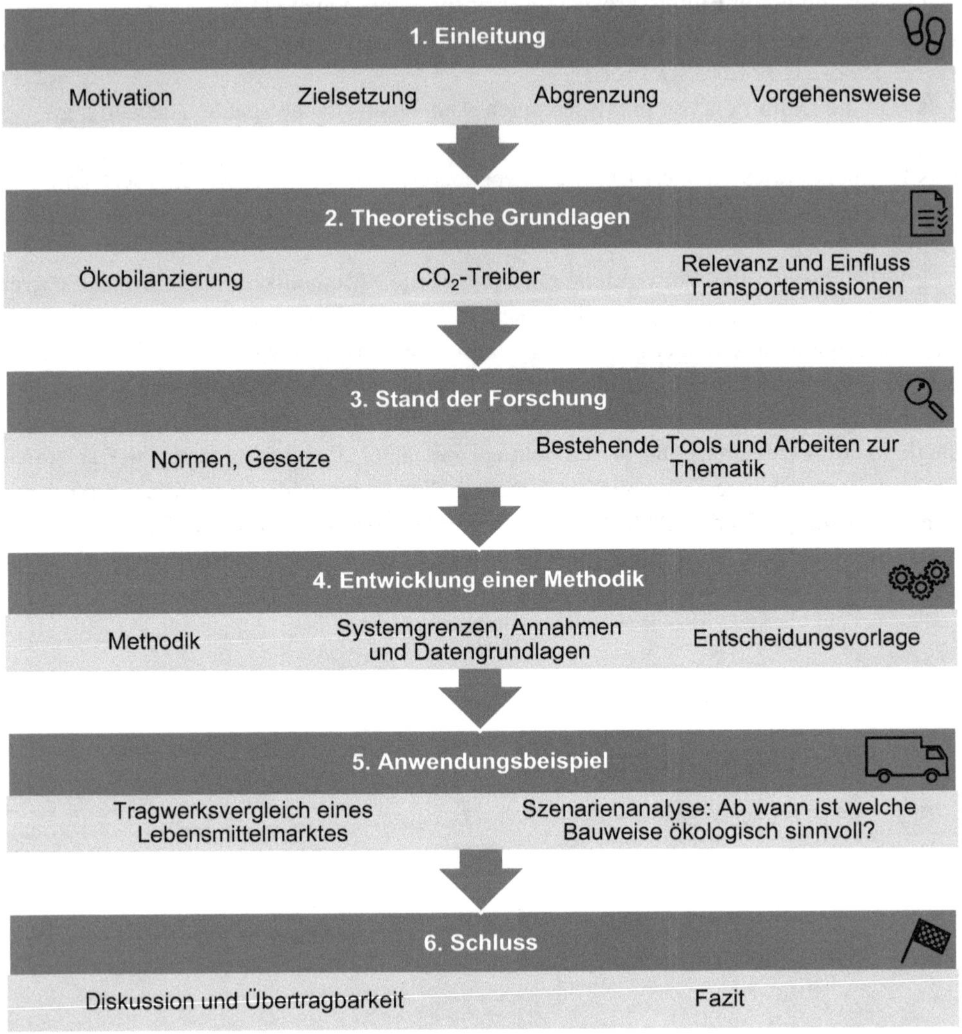

Abb. 1.1 Darstellung der Vorgehensweise. (Eigene Darstellung)

Literatur

1. Allekotte, M. et al. Aktualisierung TREMOD/TREMOD-MM und Ermittlung der Emissionsdaten des Verkehrs nach KSG im Jahr 2023, Umweltbundesamt, 2024.
2. Berganski N. et al. Bauen im Bestand – Ökobilanzierung von Gebäuden, Band 12/2019, 2019.
3. Braune, A. et al. Analyse der EU-Taxonomiekriterien und der zum Nachweis der Einhaltung erforderlichen Daten, Deutsche Gesellschaft für nachhaltiges Bauen, 2024.

4. Caala https://www.caala.de/lexikon/lebenszyklusmodule, 10.07.2025.
5. Deutsches Institut für Normung e.V. DIN EN 15978:2024-05-00: Nachhaltigkeit von Bauwerken – Bewertung der umweltbezogenen Qualität von Gebäuden – Berechnungsmethode, Deutsches Institut für Normung e. V., 2024.
6. Elbers, U. Ressourcenschonendes Bauen – Wege und Strategien der Tragwerksplanung, in: Bautechnik Volume 99, Issue 1: S. 57–64, Ernst & Sohn Verlag, 2022.
7. Gebäudeforum Klimaneutral https://www.gebaeudeforum.de/wissen/ressourcen-und-emissionen/treibhausgasemissionen-im-hochbau/, 10.07.2025.
8. Gu, H. et al. Comparative life-cycle assessment of a mass timber building and concrete alternative, Wood and Fiber Science. 52. 217–229. https://doi.org/10.22382/wfs-2020-019.
9. Statistisches Bundesamt (Destatis) https://www.destatis.de/DE/Themen/Laender-Regionen/Internationales/Thema/umwelt-energie/umwelt/G20_CO2.html, 03.02.2025.
10. US Geological Survey Weltweite Produktion von Zement im Zeitraum von 1995 bis 2023 (in Milliarden Tonnen) [Graph]. In Statista. Zugriff am 06. Februar 2025, von https://de.statista.com/statistik/daten/studie/1320914/umfrage/weltweite-produktion-von-zement/.
11. Wood Products in Germany https://oec.world/en/profile/bilateral-product/wood-products/reporter/deu, 24.07.2025.
12. Woodworks https://www.woodworks.org/resources/how-to-include-biogenic-carbon-in-an-lca/, 24.07.2025.

Theoretische Grundlagen 2

2.1 Grundlagen der Ökobilanzierung

Die gängige Methode zur Bilanzierung von Umwelteinflüssen ist die Ökobilanz bzw. die Lebenszyklusanalyse. Die Lebenszyklusanalyse ist ein Verfahren zum systematischen Vergleich der Umwelteinwirkungen von Baustoffen (im Allgemeinen von Produkten und Dienstleistungen) über deren gesamten Lebensweg („Cradle-to-grave") (vgl. [13, 18]).

Die methodischen Grundlagen einer Ökobilanz sind in der internationalen Normenreihe DIN EN ISO 14040 sowie der darauf aufbauenden DIN EN ISO 14044 festgelegt. In diesen Normen sind die wesentlichen Prinzipien und Anforderungen an die Durchführung von Lebenszyklusanalysen definiert [13, 18]. Dazu gehören unter anderem:

- **Die Definition von Ziel und Untersuchungsrahmen:** Legt fest, was zu welchem Zweck und in welcher Detailtiefe untersucht wird [13].
- **die Sachbilanz:** Erfasst alle relevanten Inputs (Ressourcen, Energie) und Outputs (Emissionen, Abfälle) des untersuchten Systems [13].
- **die Wirkungsabschätzung:** Ordnet die Daten der Sachbilanz potenziellen Umweltauswirkungen zu, wie beispielsweise dem Treibhauspotenzial [13].
- **die Auswertung:** Interpretiert die Ergebnisse, um Schlussfolgerungen und Empfehlungen im Hinblick auf das definierte Ziel abzuleiten [13].

Beide ISO-Normen sind branchenübergreifend anwendbar und schaffen die methodische Basis für jede Art von Umweltbilanzierung [13]. Grundsätzlich gibt es verschiedene Anwendungsgebiete für Ökobilanzen. Nach Frischknecht [13] zählen zu den typischen Anwendungen bspw.

- Produktentwicklung und -verbesserungen, Ecodesign und Schwachstellenanalyse.

M. Lambrecht, *Vom Werk zur Baustelle*, Entwicklung neuer Ansätze zum nachhaltigen Planen und Bauen, https://doi.org/10.1007/978-3-658-51426-6_2

Tab. 2.1 Unterscheidung „Direkte-Emissionen" zu „Indirekte-Emissionen". (Eigene Darstellung)

Bereich	Direkte Emission	Indirekte Emission
Herstellung	Prozess-Emissionen (z. B. Ofengase)	Rohstoffförderung, Zulieferung, Vorprodukte
Baustelle	Kraftstoffverbrauch der Maschinen vor Ort	Energieerzeugung für Betriebsstoffe
Transport	Kraftstoffverbrauch Fahrbetrieb	Bereitstellung Kraftstoff

- Strategische Planung.
- Bilanzierung von Unternehmen und Organisation.
- Marketing und Produktinformationen für Konsumenten im Sinne von Produktvergleichen.

Für das Bauwesen konkretisieren die Normen DIN EN 15978 (Gebäudeebene) [9] und die DIN EN 15804 (EPDs für Bauprodukte) [8] die allgemeinen Vorgaben der DIN EN ISO. Als deutsche Fassungen von Europäischen Normen (EN) legen sie einen europaweit einheitlichen Bewertungsrahmen fest. Damit wird festgelegt, wie Gebäude und Bauprodukte über definierte Lebenszyklusphasen (Module) bilanziert werden.

In der Praxis wird zur strukturierten Erfassung zwischen direkten und indirekten Emissionen unterschieden. Diese Unterscheidung wird in verschiedenen Studien und Leitfäden angewendet, um alle relevanten Einflüsse abzudecken (vgl. [2, 24, 25, 30]). Tab. 2.1 soll diese Unterscheidung vereinfacht darstellen.

Für eine strukturelle Bilanzierung wird der gesamte Lebensweg eines Gebäudes nach DIN EN 15978 [9] in definierte Phasen und Module unterteilt. Die Norm unterteilt den Lebenszyklus dabei in die übergeordneten Phasen A, B, C und D, welche sich wiederum in detailliertere Module gliedern:

- Phase A umfasst die Herstellung des Bauprodukts (Module A1–A3), den Transport (Modul A4) sowie die Errichtung (Modul A5).
- Phase B (Module B1–B7) beinhaltet die gesamte Nutzungsphase eines Gebäudes.
- Phase C (Module C1–C4) beschreibt das Ende des Lebenszyklus (End-of-Life).
- Phase D die fortan ebenfalls als Modul D bezeichnet wird, enthält Informationen zu Gutschriften oder Lasten, die außerhalb der Systemgrenzen des eigentlichen Lebenszyklus liegen.

Abb. 2.1 skizziert diese Lebenszyklusphasen, sowie die dazugehörigen Module grafisch.

Je nach Gebäudeart und Baustoff können die Module unterschiedliche Einwirkungen auf die CO_2-Emissionen des Gebäudes haben.

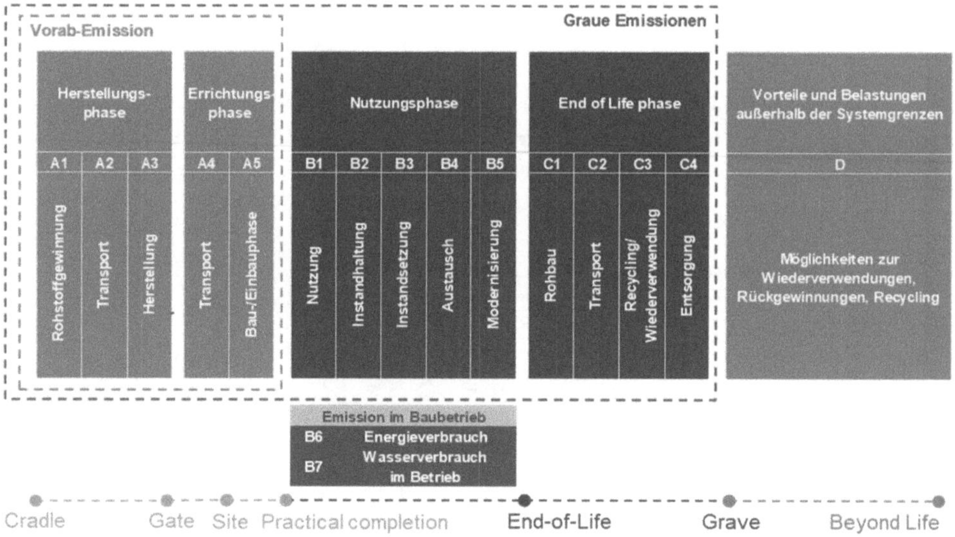

Abb. 2.1 Lebenszyklusphasen nach DIN EN 15978. (Eigene Darstellung in Anlehnung an Caroll, C. [6])

Die DIN EN 15804 [8] legt unter anderem fest, welche Indikatoren auszuweisen sind. Der für diese Arbeit, wie in Abschn. 1.3 begründet, maßgebende Wert ist das Treibhauspotenzial (GWP). Dieser Wert gibt an, wie stark sich ein Gas auf das Klima und den Treibhauseffekt auswirkt und wird in Kilogramm CO_2-Äquivalent angegeben (wird fortan mit „kg CO_2-eq." abgekürzt). Weitere Indikatoren (z. B. AP, EP, ODP) sind zwar normativ definiert, werden aber in dieser Arbeit nicht betrachtet. Eine vollständige Übersicht ist im Anhang 1.1 zu finden.

EPDs werden gemäß DIN EN 15804 auf Basis der Module nach DIN EN 15978 erstellt. Nicht jede EPD umfasst alle Module, da die Systemgrenzen variieren (z. B. „Cradle-to-Gate", „Cradle-to-Site", „Cradle-to-Grave"). Tab. 2.2 zeigt auf, welche Module in der entsprechenden Systemgrenze Verpflichtend (✓), Optional (O) und nicht gefordert (–) sind.

Gerade dieser Punkt ist für die vorliegende Arbeit von Bedeutung, da Transportemissionen, etwa bei international hergestelltem Stahl, Beton oder importiertem Holz, erheblich zu den Gesamtemissionen beitragen können (vgl. [15] und Abschn. 1.1). Hier setzt die Analyse dieser Arbeit an, um mögliche Defizite in bestehenden Ökobilanzen aufzudecken und vergleichbarer zu machen.

Bei der Interpretation von Ökobilanzen ist stets zu beachten, dass Ergebnisse maßgeblich von getroffenen Annahmen, Datenquellen und gewählten Systemgrenzen abhängen.

Tab. 2.2 Übersicht der Systemgrenzen von Ökobilanzen nach DIN EN 15804 [8] und Zuordnung der verpflichtenden, optionalen und nicht geforderten Module

Bezeichnung	A1–A3 Herstellungsphase	A4–A5 Bauphase	B1–B7 Nutzungsphase	C1–C4 Entsorgungsphase	Modul D Gutschriften
Cradle-to-Gate mit C1–C4 und D	✓	–	–	✓	✓
Cradle-to-Gate mit Optionen	✓	(O)	(O)	✓	✓
Cradle-to-Grave und Modul D	✓	✓	✓	✓	✓
Cradle-to-Gate	✓	–	–	–	–
Cradle-to-Site/ Gate	✓	(O)	–	–	–

Unterschiede in den deklarierten Phasen oder unvollständige Angaben zu Transportwegen werden in der vorliegenden Arbeit berücksichtigt und, soweit möglich, transparent gemacht.

Einordnung der DIN EN ISO 14083 in das Normenwerk der Ökobilanzierung

Das Normenwerk der Ökobilanzierung ist hierarchisch aufgebaut: Während die DIN EN ISO 14040/14044 den allgemeinen Rahmen der LCA bilden und die DIN EN 15978/15804 die bauspezifischen Regeln festlegen, liefert die DIN EN ISO 14083 eine ergänzende, standardisierte Berechnungsgrundlage zur Ermittlung von Transportemissionen. Sie detailliert die Emissionserfassung entlang logistischer Ketten (einschließlich vorgelagerter Energieprozesse, Umschlag etc.). Die Details zur DIN EN ISO 14083 werden in Abschn. 3.1 erläutert, auf deren Grundlage in Kap. 4 die Methodik dieser Arbeit vorgestellt wird.

Dies führt zu der Frage, welche Bauteile und Materialien im Hochbau tatsächlich die größten Emissionstreiber sind und warum insbesondere die Transportvorgänge (u. a. A2 und A4) in bisherigen Ökobilanzen oft nur unzureichend abgebildet wurden. Eine detaillierte Betrachtung dieser Aspekte ist daher der nächste logische Schritt.

2.2 CO_2-Treiber im Hochbau

Aufbauend auf den methodischen Grundlagen rückt die Frage in den Fokus, welche Bauteile und Materialien im Tragwerksbau den größten Beitrag zu den gesamten CO_2-Emissionen leisten.

Der Bausektor ist weltweit für rund 38 % der CO_2-Emissionen verantwortlich. Davon entfallen etwa 28 % auf den Gebäudebetrieb während der Nutzungsphase und rund 10 %

auf die Errichtungsphase in dem Baugewerbe [6]. Der Fokus lag in den vergangenen Jahren vor allem auf der Reduktion der Emissionen im Betrieb von Gebäuden. Deutlich weniger Aufmerksamkeit wurde hingegen den sogenannten grauen Treibhausgasemissionen (THG) geschenkt, die über den gesamten Lebenszyklus eines Gebäudes hinweg entstehen. Diese umfassen unter anderem die Rohstoffgewinnung, Herstellung, Transport, Instandhaltung, den Rückbau sowie die Entsorgung [6]. Gleichwohl verursachen diese vorgelagerten Emissionen einen erheblichen Anteil der gesamten CO_2-Bilanz eines Gebäudes. Auf diese grauen Emissionen entfallen nach Caroll, C. [6] bis zu 50 % der gesamten CO_2-Emissionen eines Gebäudes über dessen Lebenszyklus.

Vor allem die Produktion von bestimmten Baustoffen ist aufgrund ihres hohen Energiebedarfs ein wesentlicher Treiber von CO_2-Emissionen. Die Herstellung von Zement, einem Hauptbestandteil von Beton, verursacht derzeit etwa 6 % der globalen CO_2-Emissionen [31, 32]. Die Stahlproduktion trägt sogar mit rund 10 % zu den weltweiten CO_2-Emissionen bei [28]. Besonders emissionsintensiv sind daher Bauteile, welche große Mengen dieser Materialien enthalten, in der Regel das Tragwerk, die Bodenplatte oder die Fundamente eines Gebäudes.

In der Studie *Net Zero – Where do we stand?* von Caroll, C. [6] wurde die Verteilung der grauen Emissionen eines typischen Bürogebäudes analysiert. Wie in Abb. 2.2 dargestellt, entfallen rund 43 % der Emissionen auf das Tragwerk. Weitere 11 % entstehen durch die Gründung (Fundamente) und die Tragkonstruktion im Untergeschoss. Zusammengenommen verursachen diese Bauteile also über 50 % der Emissionen der Module A1 bis A5 [6].

Mehrere Untersuchungen identifizieren das Tragwerk und die Fundamente als wesentliche CO_2-Treiber im Hochbau. Die spezifische Ausprägung ist jedoch vom Gebäudetyp abhängig: Beiden Typen gemein ist eine hohe Emissionslast durch die Fundamente. Innerhalb des Tragwerks stellen bei Hallenkonstruktionen laut einer Analyse des Öko-Instituts e. V. [14] vor allem Stützen, Träger und Binder die wesentlichen Emissionsquellen dar (siehe Anhang 1.2), während bei Wohn- und Bürogebäuden laut einer DGNB-Studie [3] insbesondere die Decken und Außenwände maßgeblich sind (siehe Anhang 1.3). Damit wird deutlich, dass insbesondere die Wahl des Baustoffs für die primäre Tragstruktur und die Fundamente einen entscheidenden Einfluss auf die Ökobilanz hat. Diese Erkenntnis wird in Abschn. 5.1 im Kontext von Einzelhandelsimmobilien erneut aufgegriffen.

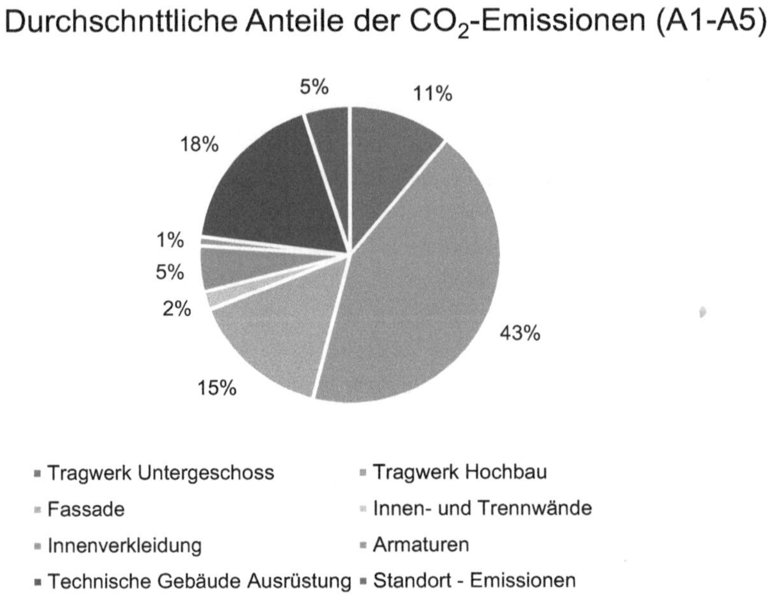

Abb. 2.2 Durchschnittliche Anteile der CO_2-Emissionen nach Bauteilkategorien für Module A1–A5. (Eigene Darstellung in Anlehnung an Caroll, C. [6])

2.3 Relevanz von Transportemissionen im Lebenszyklus

Der Verkehrssektor zählt zu den treibhausgasintensivsten Bereichen in Deutschland. Laut Angaben des Statistischen Bundesamtes entfielen im Jahr 2022 rund 19 % der nationalen Treibhausgasemissionen auf den Verkehr, wobei insbesondere der Gütertransport einen erheblichen Anteil daran hatte [26, 27].

Eine Auswertung des Deutschen Zentrums für Luft- und Raumfahrt (DLR) zeigt ergänzend, dass im Jahr 2020 durch den gesamten Güterverkehr in Deutschland 58,10 Mio. t CO_2-eq. verursacht wurden. Davon entfielen allein 56,67 Mio. t auf den Straßengüterverkehr, also überwiegend auf den Transport per LKW [11].

Im Hochbau, insbesondere bei großflächigen Objekten wie Einzelhandelsimmobilien oder Logistikhallen, sind Transporte von konstruktiven Bauteilen mit großen Dimensionen regelmäßig erforderlich. Obwohl Transportprozesse auch in späteren Modulen anfallen – etwa durch Fahrten von Arbeitskräften für die Instandhaltung (B2) und Instandsetzung (B3) oder den Abtransport von Rückbaumaterialien (C2) – liegt der Fokus dieser Arbeit auf den Modulen A2 (Transport zum Hersteller) und A4 (Transport zur Baustelle). Gerade diese frühen Module, die einen relevanten Beitrag zur Gesamtbilanz leisten können, werden in vielen Ökobilanzen bislang nur pauschal berücksichtigt oder sogar vollständig vernachlässigt, was, wie Abschn. 3.3 zeigen wird, oftmals auf lückenhafte EPD-Datensätze zurückzuführen ist (vgl. [5]).

Mit der im Jahr 2023 die bisherige DIN EN 16258 ablösenden Norm DIN EN ISO 14083 [10] steht mittlerweile ein methodisch präziseres Regelwerk zur Verfügung, das eine differenzierte Bilanzierung von Transportemissionen ermöglicht.

Im Vergleich zum Straßentransport weist die Schiene eine grundlegend andere Emissionscharakteristik auf. Durch den Einsatz elektrischer Antriebe fallen die direkten fossilen Emissionen geringer aus. Die tatsächlichen Emissionen hängen jedoch maßgeblich vom genutzten Strommix ab [4, 7], was insbesondere bei internationalen Transporten zu deutlichen Unterschieden führen kann.

Zusammenfassend wird deutlich, dass die Transportemissionen – insbesondere die des dominierenden Straßengüterverkehrs – einen wesentlichen, in der Praxis jedoch oft vernachlässigten Beitrag zur Ökobilanz von Gebäuden leisten. Um diese systematisch bewerten zu können, ist es zwingend erforderlich, die zugrunde liegenden Berechnungsgrößen zu verstehen. Die zentralen Einflussfaktoren werden daher im Folgenden detailliert erläutert.

2.4 Einflussfaktoren auf Transportemissionen

Die Transportemissionen von Baustoffen hängen von verschiedenen physikalischen und logistischen Faktoren ab. Im Folgenden werden die zentralen Einflussgrößen für die Module A2 und A4 dargestellt und ihre Relevanz für die LCA erläutert.

Transportdistanz

Die CO_2-Emissionen steigen grundsätzlich proportional mit der zurückgelegten Strecke. Je länger der Transportweg, desto mehr Kraftstoff wird verbraucht – unabhängig davon, ob das Fahrzeug voll ausgelastet ist oder nicht. Die Distanz ist daher eine der zentralen Kenngrößen bei der Berechnung von Transportemissionen (vgl. [15]).

Transportmittel

Das eingesetzte Transportmittel führt zu erheblichen Unterschieden in den spezifischen Emissionen. Für die in dieser Arbeit durchgeführten Berechnungen werden die aktuellen Kennwerte des deutschen Umweltbundesamtes (UBA) herangezogen. Diese liegen für den Straßengüterverkehr bei 101 g CO_2-eq./tkm (Lkw – Sattelzug – 40 t), für den Schienengüterverkehr bei 18 g CO_2-eq./tkm (Diesel) bzw. 14 g CO_2-eq./tkm (elektrisch) und für Binnenschiffe bei 34 g CO_2-eq./tkm (vgl. [31] (2023) und [20, 24] (2012/2013)).

Die vom österreichischen Umweltbundesamt (ÖUBA) veröffentlichten Werte weisen im Vergleich dazu teils deutliche Abweichungen auf. So liegt der Wert für den Lkw-Transport dort bspw. bei nur 49,4 g CO_2-eq./tkm [30]. Solche Unterschiede resultieren aus der Verwendung von landesspezifischer Datengrundlagen, die Faktoren wie die nationale

Flottenzusammensetzung, das Verkehrsaufkommen und unterschiedliche Berechnungsmodelle widerspiegeln. In dieser Arbeit werden die Werte des UBA herangezogen, da diese aus dem TREMOD-Datenmodell stammen und somit eine offizielle Sekundärdatenquelle darstellen.

Rollwiderstand als Einflussgröße

Der Rollwiderstand ist ein physikalischer Faktor, der von diversen Parametern wie der Reifenbeschaffenheit, dem Reifendruck und dem Fahrbahnbelag abhängt. Im Kontext von Baustofftransporten stellt jedoch die Gesamtmasse des Fahrzeugs die dominierende und am stärksten variierende Einflussgröße dar. Der Fokus wird daher im Folgenden auf diesen Zusammenhang gelegt, da andere Faktoren in den standardisierten Emissionskennwerten, die in dieser Arbeit verwendet werden, bereits pauschal berücksichtigt sind:

$$F_R = c_R \times m \times g \ mit \ F_R = Rollwiderstandskraft\,(N),\, c_R = Rollwiderstandsbeiwert,$$
$$m = Masse\,(kg),\, g = 9{,}81\, m/s^2$$

Formel 2.1: Formel zur Ermittlung der Rollwiderstandskraft.

Ein höherer Rollwiderstand bedeutet, dass der Motor mehr Energie aufbringen muss, um das Fahrzeug mit konstanter Geschwindigkeit zu bewegen. Dies führt unmittelbar zu einem höheren Kraftstoffverbrauch und damit zu steigenden Transportemissionen (vgl. [12, 21]).

Fahrzeugauslastung und Leerfahrten

Die Auslastung hat einen erheblichen Einfluss auf den spezifischen Verbrauch pro Tonne transportierter Ladung. Teilauslastungen oder Leerfahrten führen dazu, dass die Emissionen nicht vollständig der transportierten Materialmenge zugerechnet werden können. Dies betrifft insbesondere Spezial-, Schwer- oder Sondertransporte, da Rückfahrten häufig ohne Ladung erfolgen müssen, da diese selten andere Produkte transportieren können [19].

Fahrzeugtyp und Motorisierung

Die eingesetzten Fahrzeuge unterscheiden sich in Leistung und Verbrauch. Für schwere und großformatige Tragwerksbauteile wie Binder, Träger bzw. Betonfertigteile im Allgemeinen sind häufig Spezial- oder Schwertransporte erforderlich. Diese Fahrzeuge verfügen über leistungsstärkere Motoren, was einen entsprechend höheren Verbrauch zur Folge hat (vgl. [31]).

Gewicht und Volumen der Fracht

Für den Energiebedarf eines Transports ist die zu bewegende Gesamtmasse die entscheidende Einflussgröße. Diese wird maßgeblich durch die Nutzlast bestimmt, welche sich wiederum direkt aus Volumen und Dichte des transportierten Bauteils ergibt. Folglich führt eine höhere Bauteilmasse unweigerlich zu einem gesteigerten Kraftstoffverbrauch, da mehr Energie für die Beschleunigung des Fahrzeugs aufgebracht werden muss (vgl. [12, 21]). Das

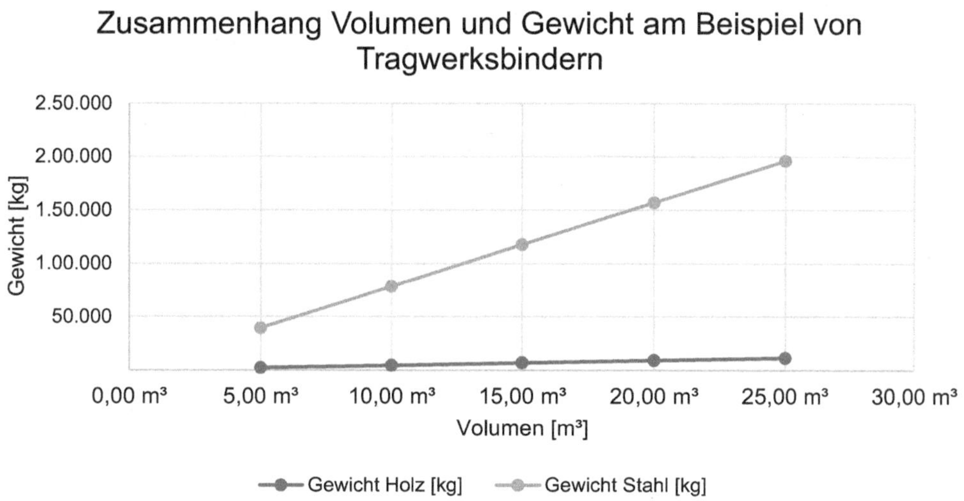

Abb. 2.3 Linearer Zusammenhang zwischen Volumen und Gewicht von Tragwerksbindern aus Holz und Stahl. (Eigene Darstellung)

Bruttogewicht leitet sich ab aus:

$$G = V \times p \; mit \; G = Geiwcht\,(kg),\, V = Volumen\,(m^3),\, p = Dichte\left(\frac{kg}{m^3}\right)$$

Formel 2.2: Formel zur Ermittlung des Gewichts.

Mit zunehmendem Volumen steigt die Masse linear, was sich direkt auf den Kraftstoffverbrauch auswirkt, da mehr Energie benötigt wird, um die Ladung zu bewegen und zu beschleunigen (vgl. [12, 21]). Abb. 2.3 stellt diesen linearen Zusammenhang dar.

In diesem Kontext ist die logistische Unterscheidung zwischen Massengut und Volumengut von Bedeutung [25].

- **Massengut** bezeichnet Fracht, bei der die zulässige Nutzlast eines Fahrzeugs (in Tonnen) erreicht wird, bevor der Laderaum vollständig gefüllt ist. Beispiele hierfür sind Stahl oder Betonfertigteile [25].
- **Volumengut** hingegen füllt den Laderaum vollständig aus, bevor die maximale Nutzlast erreicht ist. Typische Beispiele im Bauwesen wären Dämmstoffe oder leichte Holzbauteile [25].

Diese Differenzierung ist für die Emissionsbilanzierung relevant, da bei Volumengütern die Transportkapazität nicht durch das Gewicht, sondern durch den verfügbaren Platz limitiert wird. Dies kann zu einer geringeren Auslastung in Tonnen und somit zu höheren spezifischen Emissionen pro transportierter Tonne führen [25].

Betriebsbedingungen

Neben den technischen Parametern beeinflussen auch äußere Rahmenbedingungen wie die Topografie, Stop-and-go-Verkehr und niedrige Durchschnittsgeschwindigkeiten den Kraftstoffverbrauch. Auf bergigen Strecken oder in städtischen Gebieten mit häufigem Anfahren und Bremsen steigt der Verbrauch deutlich an (vgl. [12, 21, 31]).

Speziell im Hochbau von großflächigen Objekten wie Einzelhandels- oder Logistikhallen sind großformatige, konstruktive Bauteile wie Stützen, Binder oder Träger transportrelevant. Ihre finale Masse, die sich aus dem statisch erforderlichen Volumen und der Dichte des gewählten Materials ergibt, bestimmt maßgeblich den Energiebedarf des Transports. Die Materialwahl hat demnach über die Dichte einen direkten, aber nicht alleinigen Einfluss auf die Transportbilanz.

In bestimmten Fällen sind Sondertransporte erforderlich (z. B. Überlänge >20 m, Überbreite >2,55 m oder hohes Geiwcht > 40 t) [22]. Diese unterscheiden sich von Standardtransporten durch spezielle Fahrzeugabmessungen, erhöhte Motorleistung und ggf. Begleitfahrzeuge (vgl. [1, 22]). Hinzu kommen mögliche Infrastrukturelle Maßnahmen wie temporäre Straßensperrungen oder Umleitungen. Dies führt zu höheren spezifischen Emissionen, die bei der Planung transparent dokumentiert und – sofern verfügbar – unter Verwendung angepasster Emissionsfaktoren berücksichtigt werden sollten. Kap. 4 sieht vor, solche projektspezifischen Transporte optional in die Methodik aufzunehmen. Abb. 2.4 zeigt beispielhaft den Transport eines großformatigen Betonbinderns.

Datenquellen und Berechnungsgrundlagen

Zur Ermittlung der Transportemissionen in quantitativer Form stehen standardisierte Emissionsfaktoren und Berechnungsmethoden zur Verfügung. Zu den wichtigsten Quellen zählen das „Handbuch Emissionsfaktoren des Straßenverkehrs“ (HBEFA) [16], dass „Transport Emission Model Deutschland“ (TREMOD) [17] sowie Veröffentlichungen des Umweltbundesamts [24]. Die Berechnung erfolgt üblicherweise in Tonnenkilometern (tkm):

Abb. 2.4 Schwertransport eines Betonbinders. (Quelle: Uhl-Schwertransporte [29])

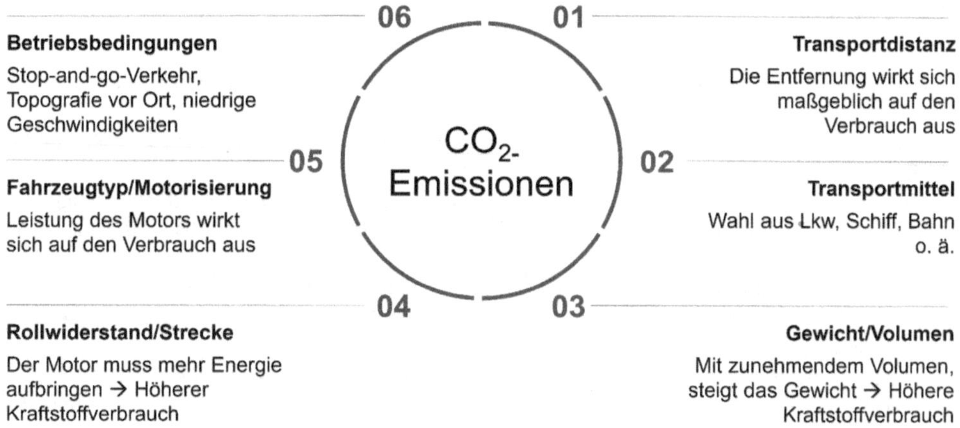

Abb. 2.5 Schematische Darstellung zentraler Einflussgrößen auf transportbedingte CO_2-Emissionen von Baumaterialien. (Eigene Darstellung)

$$CO_2 - Emissionen\,(kg\ CO_2 - eq.) = Strecke\,(km) \times Masse\,(t) \times Emissionsfaktor(kg\ CO_2 - eq./tkm)$$

Formel 2.3: Formel zur Ermittlung der CO_2-Emission mittels Tonnenkilometer.

Die DIN EN ISO 14083 konkretisiert die quantifizierte Ermittlung und Berichterstattung von THG im Transportsektor und stellt so die Vergleichbarkeit von Emissionsdaten entlang internationaler Lieferketten sicher (DIN EN 16258, DIN EN ISO 14083 [10]).

Zusammenfassend lässt sich festhalten: Gewicht, Volumen, Transportdistanz, Transportmittel, Rollwiderstand, Fahrzeugauslastung, Motorisierung und Betriebsbedingungen sind die zentralen Einflussgrößen für die Transportemissionen von Bauteilen. Die Einflussgrößen stellen die methodische Grundlage dar, auf die im Methodikteil (Kap. 4) näher eingegangen wird. Über die grundsätzliche Definition des Modules A4 hinaus legt die DIN EN 15804 [8] fest, dass auch Details wie Transportmittel, Entfernungen, Auslastung und Kraftstoffverbrauch zu berücksichtigen werden sollen (vgl. [23, 24]). Abb. 2.5 stellt die Erkenntnisse nochmals schematisch dar.

Die zuvor erläuterten Grundlagen zur Ökobilanzierung, zu Emissionstreibern im Hochbau und zu transportbedingten CO_2-Auswirkungen bilden die Basis für die weitere Auseinandersetzung mit bestehenden Ansätzen. In dem folgenden Kapitel werden geltende Normen, Softwarelösungen und wissenschaftliche Studien untersucht, um den aktuellen Forschungs- und Anwendungsstand von Transportemissionen im Bauwesen zu beleuchten.

Literatur

1. Arnold Schwerlast https://www.arnold-schwerlast.de/fachbegriffe/begleitfahrzeug/, 28.07.2025.
2. Biemann, K. et al. Treibhausgasemissionen im Transportsektor – Leitfaden zur ISO 14083, Umweltbundesamt, 2024.
3. Braune, A. et al. Benchmarks für die Treibhausgasemissionen der Gebäudekonstruktion – Ergebnisse einer Studie mit 50 Gebäuden, Deutsche Gesellschafft für nachhaltiges Bauen e. V., 2021.
4. Bundesministerium für Wohnen, Stadtentwicklung und Bauwesen https://www.bmv.de/SharedDocs/DE/Artikel/E/schiene-aktuell/elektrobahn-klimaschonend-zukunft-bahn-elektrifizierungsprogramm.html, 31.07.2025.
5. Caala – Lebenszyklusmodule https://www.caala.de/lexikon/lebenszyklusmodule, 10.07.2025.
6. Caroll, C. et al. Net zero buildings – Where do we stand?, World Business Council for Sustainable Development, 2021, https://www.wbcsd.org/resources/net-zero-buildings-where-do-we-stand/, 25.08.2025.
7. Deutsche Bahn https://ibir.deutschebahn.com/2024/de/zusammengefasster-lagebericht/gruene-transformation/klimaschutz/anteil-erneuerbarer-energien-am-db-bahnstrommix/, 31.07.2025.
8. Deutsches Institut für Normung e. V. DIN EN 15804:2022-03, Nachhaltigkeit von Bauwerken – Umweltproduktdeklarationen – Grundregeln für die Produktkategorie Bauprodukte, Beuth Verlag, Berlin.
9. Deutsches Institut für Normung e. V. DIN EN 15978:2024-05, Nachhaltigkeit von Bauwerken – Bewertung der Umweltleistung von Gebäuden – Methodik, Beuth Verlag, Berlin.
10. Deutsches Institut für Normung e. V. DIN EN ISO 14083:2024-06, Treibhausgase – Quantifizierung und Berichterstattung über Treibhausgasemissionen von Transportvorgängen, Beuth Verlag, Berlin.
11. Deutsches Zentrum für Luft- und Raumfahrt https://www.dlr.de/de/aktuelles/nachrichten/daten-und-fakten/gueterverkehr-in-deutschland-verkehrsmittel-im-vergleich, 10.07.2025.
12. Duran, A. et al. Quantitative Effects of Vehicle Parameters on Fuel Consumption for Heavy-Duty Vehicle. In: *SAE 2015 World Congress & Exhibition.* Detroit: SAE International, 2015.
13. Frischknecht, R. Lehrbuch der Ökobilanzierung. 1. Auflage, Springer-Verlag GmbH, Berlin, 2020. ISBN: 978-3-662-54762-5.
14. Gensch, C. et al. Vergleichende Ökobilanz von Varianten einer Hallenkonstruktion. Öko-Institut e. V., Freiburg im Breisgau, 2024.
15. Gu, H. et al. Comparative life-cycle assessment of a mass timber building and concrete alternative. Wood and Fiber Science, Band 52, Heft 2, 2020.
16. Handbuch für Emissionsfaktoren des Strassenverkehrs https://www.hbefa.net/de/startseite, 10.07.2025.
17. Institut für Energie- und Umweltforschung https://www.ifeu.de/methoden-tools/modelle/tremod, 10.07.2025.
18. Kaltschmitt, M. et al. Umweltbewertung für Ingenieure – Methoden und Verfahren, Springer Vieweg, Heidelberg, 2015. ISBN: 978-3-642-36989-6.
19. Kersten, W. et al. Leitfaden Green Logistics Target Costing für kmU, Technische Universität Hamburg-Harburg, 2011.
20. Motschall, M Treibhausgas-Emissionen durch Infrastruktur und Fahrzeuge des Straßen-, Schienen- und Luftverkehrs sowie der Binnenschifffahrt in Deutschland, Umweltbundesamt, Texte 96/2013, 2013.

21. Posada-Henau, J. et al. Effects of Road Slope and Vehicle Weight on Truck Fuel Consumption. Sustainability, Band 15, Heft 1, 2023.
22. Richter Schwertransport https://schwertransport-richter.de/kompetenzen/schwertransporte, 28.07.2025.
23. Sakris, E. Chancen und Herausforderungen für nachhaltiges und kreislaufgerechtes Bauen von Einzelhandelsimmobilien, Springer Fachmedien Wiesbaden GmbH, Wiesbaden, 2025. ISBN: 978-3-658-47954-1.
24. Schmied, M. et al. Carbon Footprint – Teilgutachten „Monitoring für den CO_2-Ausstoß in der Logistikkette“, Umweltbundesamt, Texte 29/2012, 2012.
25. Schmied, M. et al. Berechnung von Treibhausgasemissionen in Spedition und Logistik gemäß DIN EN 16258, DSLV Deutscher Speditionsund Logistikverband e. V., 2013.
26. Statistisches Bundesamt Nachhaltige Logistik und Gütertransportbranche. Statista GmbH, Hamburg, 2024. Online verfügbar unter: https://de.statista.com/themen/10337/nachhaltige-logistik-und-guetertransportbranche/, abgerufen am 25.07.2025
27. Statistisches Bundesamt, Destatis G20-Staaten verursachten 2021 rund 80 % des weltweiten CO_2-Ausstoßes. Statistisches Bundesamt, Wiesbaden, 2022. Online verfügbar unter: https://www.destatis.de/DE/Themen/Laender-Regionen/Internationales/Thema/umwelt-energie/umwelt/G20_CO2.html, abgerufen am 29.08.2025.
28. Statistisches Bundesamt, Destatis Umweltbundesamt. (14. März, 2025). Treibhausgasemissionen in Deutschland nach Sektoren des Klimaschutzgesetzes in den Jahren 1990 bis 2024[1] und Prognose für 2030[2] (in Millionen Tonnen CO_2-Äquivalent) [Graph]. In Statista. Zugriff am 31. Juli 2025, von https://de.statista.com/statistik/daten/studie/1241046/umfrage/treibhausgasemissionen-in-deutschland-nach-sektor/.
29. Uhl-Schwertransporte https://www.uhl-schwertransporte.de/betonfertigteile.php, 31.07.2025.
30. Umweltbundesamt Österreich https://www.umweltbundesamt.at/umweltthemen/mobilitaet/mobilitaetsdaten/emissionsfaktoren-verkehrsmittel, 12.07.2025.
31. Umweltbundesamt Deutschland https://www.umweltbundesamt.de/themen/verkehr/emissionsdaten#hbefa, 29.08.2025.
32. US Geological Survey Weltweite Produktion von Zement im Zeitraum von 1995 bis 2023 (in Milliarden Tonnen) [Graph]. In Statista. Zugriff am 06. Februar 2025, von https://de.statista.com/statistik/daten/studie/1320914/umfrage/weltweite-produktion-von-zement/.

3 Stand der Forschung

3.1 Normen, Gesetze und Regelwerke

3.1.1 Normen der Ökobilanzierung

DIN EN ISO 14040 und DIN EN ISO 14044

Die internationalen Normen DIN EN ISO 14040 [9] und DIN EN ISO 14044 [10] bilden den methodischen Rahmen für die Durchführung von Ökobilanzen (vgl. Abschn. 2.1). Sie definieren grundlegende Anforderungen an Systemgrenzen, funktionale Einheiten sowie die vier klassischen Schritte der Ökobilanz: Ziel- und Untersuchungsrahmen, Sachbilanz, Wirkungsabschätzung und Auswertung (vgl. [13] und Abschn. 2.1). Diese Normen schaffen damit eine generische Grundlage für die Lebenszyklusanalysen (LCA) unabhängig vom Anwendungsbereich.

DIN EN 15978

Die DIN EN 15978 [8] überträgt die allgemeinen Grundsätze der DIN EN ISO 14040/44 auf Bauwerke und beschreibt konkret die Anwendung der Ökobilanzierung von Gebäuden [8, 22]. SieunterteiltdenLebenszyklusvonBauwerkeninvierHauptphasen:Herstellung(A1–A3),Bauprozess(A4–A5),Nutzung(B1–B7)sowieEntsorgung(C1–C4)(vgl.Abb.2.1).Zusätzlichkann dasModulDverwendetwerden,umpotenzielleGutschriftennachderLebensdauerdarzustellen. Die Norm definiert standardisierte Umweltindikatoren, unter anderem das Treibhauspotenzial (GWP), als zentrale Bewertungsgrößen [8].

DIN EN 15804

Die DIN EN 15804 [7] legt als Grundregelwerk für EPDs die detaillierten, produktspezifischen Berechnungsmethoden und inhaltlichen Anforderungen für die einzelnen Lebenszyklusmodule fest. Sie schafft eine transparente und vergleichbare Grundlage zur

M. Lambrecht, *Vom Werk zur Baustelle*, Entwicklung neuer Ansätze zum nachhaltigen Planen und Bauen, https://doi.org/10.1007/978-3-658-51426-6_3

Bewertung von Umwelteinwirkungen, indem sie verbindliche Kernindikatoren (z. B. GWP) und die Angabe von Output-Flüssen wie Recycling vorschreibt [7, 23]. Im Gegensatz zur DIN EN 15978, die den übergeordneten Bewertungsrahmen für Gebäude beschreibt [7], fokussiert sich die DIN EN 15804 auf die EPD-Erstellung und schließt soziale sowie wirtschaftliche Aspekte aus [22, 23].

3.1.2 Regulatorischer Rahmen und Einordnung

EU-Taxonomie

Die EU-Taxonomie (Verordnung (EU) 2020/852) ist ein kapitalmarktrechtliches Klassifizierungssystem, das auf europäischer Ebene definiert, unter welchen Bedingungen wirtschaftliche Tätigkeiten als nachhaltig gelten [19]. Für Neubauten mit einer Bruttogrundfläche (BGF) von über 5000 m^2 schreibt die Taxonomie eine verpflichtende Berechnung des Treibhauspotenzials über den gesamten Lebenszyklus eines Gebäudes vor – sprich eine LCA, [18]. Dies schließt explizit auch Transportemissionen (u. a. Module A2 und A4) ein, da für diese Gebäude eine vollständige Lebenszyklusanalyse erforderlich ist. Dies betrifft vor allem großflächige Gebäude wie Logistikhallen und Einzelhandelsimmobilien, die aufgrund ihrer Verkaufs- und Nutzflächen häufig oberhalb dieser Schwelle liegen [18, 19].

3.1.3 Normen zur Bilanzierung von Transportemissionen

DIN EN 16258 und DIN EN ISO 14083 – Bilanzierung von Transportemissionen

Lange Zeit war die europäische Norm DIN EN 16258 für die Bilanzierung von Transportemissionen maßgeblich [2]. Diese wurde im Jahr 2023 durch die internationale Norm DIN EN ISO 14083 [11] abgelöst, die einen deutlich erweiterten methodischen Rahmen bietet [2]. Die neue Norm legt ein standardisiertes Verfahren zur quantitativen Erfassung von Treibhausgasemissionen entlang logistischer Transportketten fest und ermöglicht eine differenzierte Berücksichtigung relevanter Prozesse [2].

Im Zentrum der DIN EN ISO 14083 steht die Unterteilung der Transportkette in sogenannte Transport Chain Elements (TCE) [2, 11]. Diese umfassen den Betrieb der Transportmittel, vorgelagerte Energieprozesse (z. B. Kraftstoffproduktion) und logistische Zusatzprozesse wie Umschlag, Zwischenlagerung oder Kühlung (in der Norm als „Hubs“ bezeichnet). Der bislang gängige „Well-to-Wheel“ – Ansatz (WTW), der sich aus den Bereichen „Tank-to-Wheel“ (TTW, d. h. Emissionen aus dem Fahrbetrieb) und „Well-to-Tank“ (WTT, d. h. Emissionen aus der Kraftstoffbereitstellung) zusammengesetzt hat, wird in der DIN EN ISO 14083 in strukturierter Form integriert (vgl. [2, 24, 25]). In der DIN EN

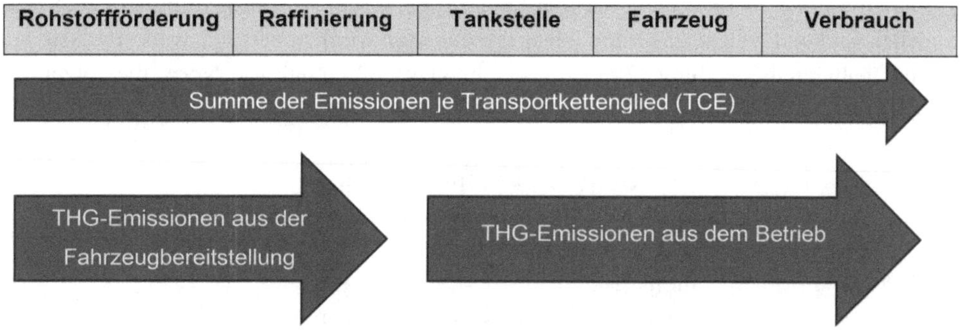

Abb. 3.1 Schema der THG-Emissionsbilanzierung für Transportketten nach DIN EN ISO. (Eigene Darstellung)

ISO werden diese Begriffe nun als „Treibhausgasemissionen aus der Fahrzeugbereitstellung“ und „Treibhausgasemissionen aus dem Betrieb“ betitelt [2, 11]. Dabei werden die Begriffe durch eine differenzierte Aufschlüsselung der Emissionen entlang der Transportkette ersetzt, wobei jeder Prozessschritt – vom Energieaufwand für die Bereitstellung des Fahrzeugs bis zum Fahrbetrieb selbst – separat bilanziert wird. Dadurch ermöglicht die DIN EN ISO 14083 eine modulare und realitätsnähere Bilanzierung als ihre Vorgängernorm DIN EN 16258. Abb. 3.1 veranschaulicht schematisch die Zusammensetzung der THG entlang der Transportkette, wie sie in der Norm definiert sind [2, 11]. Sie teilt auf, welche Prozessschritte zu den THG-Emissionen der Fahrzeugbereitstellung gehören und welche zu den THG-Emissionen aus dem Betrieb.

Die Norm schreibt vor, dass alle wesentlichen Einflussgrößen wie Transportmittel, Distanz, Auslastung und gegebenenfalls Leerfahrten explizit berücksichtigt werden müssen [2, 11]. Für die Bilanzierung sind Tonnenkilometer (tkm) das primäre Bezugsmaß. Bei volumengewichtigen Gütern können jedoch auch alternative Bezugsgrößen wie Kubikmeterkilometer oder Lademeter verwendet werden [2, 11].

In diesem Zusammenhang ist auch der Begriff der Allokation zu nennen. Nach der DIN EN ISO 14083 bezeichnet er die Aufteilung der verursachten THG zwischen den verschiedenen Frachtgruppen [2, 11]. Dies ist bspw. der Fall, wenn ein Lkw im Rahmen einer Fahrt verschiedene Materialien an unterschiedliche Zielorte liefert. Im Rahmen dieser Arbeit ist dies vor allem bei Verbundbauteilen wie Betonfertigteile mit Stahlbewehrung relevant. Die genaue methodische Umsetzung wird in Kap. 4 erläutert.

Ein zentrales Merkmal der DIN EN ISO 14083 ist der hohe Anspruch an Datenqualität und Transparenz. Sofern verfügbar, sollen Primärdaten verwendet werden, etwa reale Verbrauchswerte oder gemessene Emissionswerte von Fahrzeugen. Bei Nichtverfügbarkeit können modellierte Sekundärdaten genutzt werden, deren Herkunft jedoch klar ausgewiesen sein muss (z. B. TREMOD oder HBEFA) [2, 11].

Die DIN EN ISO 14083 legt darüber hinaus fest, welche Prozesse verpflichtend einzubeziehen sind und welche ausdrücklich ausgeschlossen werden, beispielsweise Emissionen aus der Fahrzeugherstellung [2, 11]. Zusammenfassend enthält die Norm die folgenden Kernaspekte:

- Definition der Systemgrenzen entlang der Transportkette,
- Abgrenzung von energiebedingten Emissionen aus Betrieb und Vorkettenprozessen,
- Einführung der Begriffe Transportchain Elements (TCE), Transport Operation Categories (TOC) und Hub Operations (HOC).
- Anforderungen an Datenquellen, Datengüte und Transparenz,
- Berechnung der Treibhausgasemissionsintensität pro tkm oder Personenkilometern (pkm),
- Ein- und Ausgrenzung spezifischer Prozesse.

Abb. 3.2 veranschaulicht beispielhaft eine mögliche Transportkette nach DIN EN ISO 14083. Die Darstellung zeigt die einzelnen Transportkettenelemente (TCE) sowie die zugehörigen Lebenszyklusmodule A2 und A4. Dabei wird deutlich, welche Prozessschritte in der Norm berücksichtigt werden und welche – wie etwa werksinterne Transporte – nicht bilanziert werden.

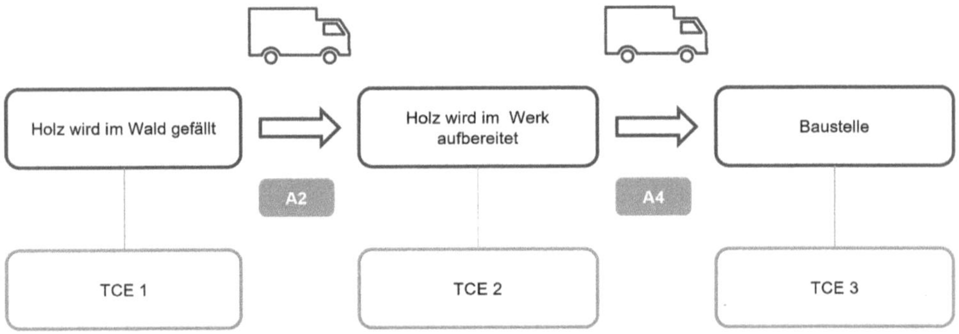

TCE	Phase	Beschreibung	Emissionsquelle
1	A2	Rohstofftransport (Wald -> Werk)	Diesel-Lkw (beladen)
2	Nicht bilanziert	Werksinterne Prozesse	Nicht berücksichtigt
3	A4	Lieferung Werk -> Baustelle	Diesel-Lkw (beladen / Rückfahrt leer optional)

Abb. 3.2 Beispielhafte Darstellung der Transportemissionen (TCE) entlang der Prozesskette am Beispiel Holz- von der Rohstoffgewinnung (A2) bis zur Anlieferung auf der Baustelle (A4). (Eigene Darstellung)

Die Norm ist technologieoffen und gilt für sämtliche Verkehrsträger (Straße, Schiene, See, Luft) sowie für multimodale Verkehre [2, 11]. Dadurch eignet sie sich für die Anwendungen im Bausektor, in dem komplexe Lieferketten mit unterschiedlichen Transportmitteln üblich sind. Für die Methodik dieser Arbeit bildet die DIN EN ISO 14083 die zentrale normative methodische Grundlage und wird im Berechnungsansatz (Kap. 4) entsprechend berücksichtigt.

3.1.4 Nationale Modelle und Datenquellen für Transportemissionen

Transport Emission Modell (TREMOD)

TREMOD ist ein Modell für Deutschland, das sich auf Verkehrsleistungen, Energieverbrauch und Emissionen spezialisiert hat [18]. Es wurde vom Institut für Energie- und Umweltforschung (ifeu) im Auftrag des Umweltbundesamtes entwickelt. Es bildet den motorisierten Personen- und Güterverkehr mit klimarelevanten Gasen (z. B. CO_2) und Luftschadstoffen (z. B. NOx[1], PM[2], NMHC[3]) für den Zeitraum von ca. 1960 bis 2018 ab und stellt ein Trendszenario bis 2050 [17].

Ein zentraler Bestandteil von TREMOD ist die Verwendung von Emissionsdaten für Straßenfahrzeuge aus dem „Handbuch für Emissionsfaktoren des Straßenverkehrs“ (HBEFA) [16]. Das HBEFA liefert detaillierte Emissionskennwerte für unterschiedliche Fahrzeugklassen, Antriebe, Geschwindigkeiten und Einsatzprofile und bildet somit die methodische Datenbasis für die Berechnung in TREMOD [17].

Das Modell dient in Deutschland als Grundlage für:

- Die nationale Berichterstattung zu Verkehrsemissionen und politische Entscheidungsprozesse (z. B. zur Abgasgesetzgebung) und
- Szenarienanalysen zu Minderungszielen sowie Ökobilanzierungen und Tools wie dem UBA-CO_2-Rechner [17].

Handbuch Emissionsfaktoren des Straßenverkehrs (HBEFA)

Das HBEFA wird im Auftrag mehrerer europäischer Umweltbehörden – darunter Deutschland, Österreich, die Schweiz, Frankreich, Norwegen und Schweden – gepflegt. Es stellt harmonisierte Emissionsfaktoren für verschiedene Fahrzeugtypen, Antriebstechnologien und Fahrbedingungen bereit [16].

---

[1] Nox = Stickoxide – Entstehen durch Verbrennungen und gelten als Luftschadstoff.

[2] PM = Potenzielles Auftreten von Krankheiten aufgrund von Feinstaubemissionen.

[3] NMHC = Non-Methane Hydrocarbons – nicht methanhaltige Kohlenwasserstoffe.

Die Methodik des HBEFA basiert auf detaillierten Emissionsmengen und Fahrzyklen, die in nationalen Modellen (z. B. TREMOD in Deutschland oder die ÖUBA-Modelle in Österreich) erfasst und in einem standardisierten Verfahren aufbereitet werden. Anschließend werden die Daten in einem einheitlichen Format zusammengeführt und für unterschiedliche Fahrzeuggattungen, Verkehrssituationen und Länder aggregiert [16].

Während TREMOD und ÖUBA jeweils landesspezifische Emissionswerte veröffentlichen, bietet das HBEFA eine standardisierte, international vergleichbare Datenbasis. Diese wird auch in der DIN EN ISO 14083 als mögliche Sekundärdatenquelle anerkannt und eignet sich daher besonders für den Vergleich von Transportemissionen im internationalen Kontext [2, 16].

Die resultierenden Emissionsfaktoren für beide Länder sind länderspezifisch angepasst und spiegeln die jeweiligen nationalen Gegebenheiten wider. Gleichzeitig fließen diese Werte regelmäßig in die europäische Datenbank HBEFA ein. Obwohl die umfassenden Datenbanken TREMOD und HBEFA nicht öffentlich zugänglich sind, veröffentlichen sowohl das deutsche als auch das österreichische Umweltbundesamt jährlich landesspezifische Emissionskennwerte. Diese transparent verfügbaren Daten bilden die Grundlage für die Berechnungen, die im Anwendungsbeispiel in Kap. 5 dieser Arbeit genutzt werden.

Umweltbundesämter Deutschland und Österreich
Sowohl das Umweltbundesamt Deutschland (UBA) als auch das Umweltbundesamt Österreich (ÖUBA) veröffentlichen regelmäßig nationale Emissionskennwerte für den Personen- und Güterverkehr.

In Deutschland basieren die Werte überwiegend auf TREMOD, das fahrzeugspezifische Daten, reale Fahrprofile, Auslastungen sowie vor- und nachgelagerte (z. B. Energie- und Infrastrukturbereitstellung) berücksichtigt [29]. In Österreich werden die Emissionswerte durch das Österreichische Umweltbundesamt bereitgestellt. Beide Daten orientieren sich methodisch an der DIN EN ISO 14083, sind jedoch nicht vollständig ISO-konform, da nationale Rahmenbedingungen wie Flottenstruktur, Verkehrssituation und der landesspezifische Strommix berücksichtigt werden [28]. Die Werte des UBA sind jedoch, da sie auf TREMOD basieren, als Sekundärdaten nach DIN EN ISO 14083 zu sehen [2, 11].

Die resultierenden Emissionsfaktoren aus beiden Ländern sind landesspezifisch angepasst und spiegeln die jeweiligen nationalen Gegebenheiten wider. Gleichzeitig fließen diese Werte regelmäßig in die europäische Datenbank HBEFA ein [16].

3.1.5 Zusammenfassende Einordnung

Zusammenfassend lässt sich festhalten, dass für die spätere Methodik dieser Arbeit insbesondere die in den Normen definierten Vorgaben zu den Lebenszyklusmodulen A2 und A4 von Bedeutung sind. Als maßgebliche Grundlage für die Berechnungslogik, dient die

Norm DIN EN ISO 14083, da sie eine standardisierte Vorgehensweise zur Ermittlung der Transportemissionen vorgibt.

Die EU-Taxonomie-Verordnung stellt darüber hinaus einen regulatorischen Rahmen dar, der für großflächige Gebäude – wie Einzelhandelsimmobilien oder Logistikhallen – mit einer BGF über 5000 m^2 die Berücksichtigung von Lebenszyklusemissionen verpflichtend macht. Für die Methodik dieser Arbeit ist sie jedoch nicht als konkrete Berechnungsgrundlage zu verstehen, sondern als übergeordnete Anforderung zur umfassenden Bilanzierung.

Die konkreten methodischen Ansätze und Annahmen, insbesondere zur Berechnung der Transportemissionen im Modul A4, werden im Abschn. 4.3 näher erläutert.

3.2 Bestehende Software-Tools zur Bilanzierung von Gebäuden und Transportemissionen

In diesem Kapitel werden zwei unterschiedliche Arten von Software-Tools vorgestellt. Zum einen Tools, mit denen eine Lebenszyklusanalyse von Gebäuden durchgeführt werden kann, wie beispielsweise Caala oder Madaster. Zum anderen werden spezialisierte Tools betrachtet, die ausschließlich der Berechnung von Transportemissionen dienen. Diese Unterscheidung ist notwendig, da gängige LCA-Tools in der Regel auf EPDs aus Datenbanken wie der Ökobaudat basieren. Die Erfassung von Transportemissionen erfolgt dort nur insoweit, wie entsprechende Angaben im Modul A2 oder A4 der EPD hinterlegt sind. Sind keine spezifischen A2- oder A4-Daten vorhanden, werden häufig pauschale oder angenommene Werte verwendet, die nicht zwangsläufig die vollständige Transportkette abbilden, wie in Abschn. 2.3 erläutert.

3.2.1 Softwarelösungen zur Ermittlung von Transportemissionen

CarbonCare

CarbonCare ist ein webbasiertes Berechnungstool zur Ermittlung von Treibhausgasemissionen im Transportsektor [6]. Die Plattform wurde im Rahmen einer fünfjährigen Studie unter Beteiligung der ETH Zürich sowie Schweizer Behörden entwickelt. Methodisch basiert sie auf der internationalen Norm DIN EN ISO 14083 (Erläuterung hierzu siehe Abschn. 3.1) [6]. Der CO_2-Kalkulator wurde durch unabhängige Prüfstellen wie die *Société Générale de Surveillance* (SGS) validiert. Er bietet eine Berechnungsmöglichkeit sowohl für direkte (Tank-to-Wheel) als auch für indirekte (Well-to-Tank) Emissionen.

CarbonCare ermöglicht die Berechnung von Treibhausgasemissionen entlang vollständiger Transportketten. Nutzer können über eine Weboberfläche den Start und Zielort der Transportstrecke sowie optionale Zwischenstationen angeben. Zusätzlich besteht die Möglichkeit, verschiedene Verkehrsträger wie beispielsweise Lkw, Bahn, Schiff oder kombinierte

Transporte auszuwählen. Die Berechnung erfolgt auf Basis von GIS[4]-Daten, wodurch neben der reinen Entfernung auch streckenspezifische Besonderheiten, wie Höhenprofile und damit zusammenhängende Verbrauchsfaktoren, berücksichtigt werden (vgl. Abschn. 2.4). Des Weiteren kann bspw. bei dem Transport mit Lkw zwischen verschiedenen Typen von Lkw (z. B. 3,5 t oder > 36 t) unterschieden werden. Die Software berechnet auf Grundlage dieser Eingaben sowie des Gewichts des Transportguts die resultierenden Emissionen gemäß der Norm DIN EN ISO 14083 [6]. Die Software gibt die Emissionsergebnisse differenziert nach den Kategorien WTW, TTW und WTT aus [6]. Allerdings ist nicht nachvollziehbar wie Sondertransporte und Leertransporte in der Berechnung berücksichtigt werden. Genauso ist nicht einsehbar, auf welchen Primärdaten (z. B. spezifischer Verbrauch, Auslastung usw.) die Berechnung erfolgt [6].

EcoTransIT World (Emission Calculator)
EcoTransIT World (Emission Calculator) ist ein webbasiertes Berechnungstool zur Ermittlung von THG und Luftschadstoffen entlang globaler Transportketten [12]. Es wurde von den wissenschaftlichen Instituten ifeu, INFRAS und Fraunhofer IML entwickelt und basiert methodisch auf der Norm DIN EN ISO 14083 sowie der GLEC-Framework-Strukturierung[5]. Die Berechnung erfolgt über eine Bottom-up-Methode[6], bei der streckenspezifische Daten wie Entfernung, Routenprofil und Transportmittel berücksichtigt werden. Anhand repräsentativer Durchschnittswerte für Fahrzeugflotten werden realitätsnahe Emissionswerte generiert, wodurch Transportemissionen auch ohne individuelle Fahrzeugauswahl praxisnah abgebildet werden. Über eine zentrale Weboberfläche können Nutzer Start- und Zielort eingeben, Zwischenstopps definieren und verschiedene Verkehrsträger auswählen. Die Software nutzt ein integriertes GIS-Routing, das neben der Entfernung auch Streckencharakteristika wie Topografie und Umschlagprozesse berücksichtigt. Die Darstellung der Ergebnisse unterscheidet sich leicht zu der von CarbonCare. In diesem Fall wird das Gesamtergebnis als WTW angezeigt, sowie der Fußabdruck pro Tonnenkilometer. Zusätzlich ist es möglich weitere Umweltindikatoren wie Energieverbrauch, NOx-, SO_2[7]- oder Feinstaubemission zu ermitteln [12]. Ebenso wie bei CarbonCare ist nicht einsehbar, auf welchen Primärdaten (z. B. spezifischer Verbrauch, Auslastung usw.) die Berechnung erfolgt. Die Abb. 3.3 zeigt Ein- und Ausgabemaske der Software EcoSoftIT World. Es ist zu erkennen das die zu transportierende Masse eingetragen und das jeweilige Verkehrsmittel ausgewählt werden kann. Des Weiteren ist zu sehen, welche Annahmen für das jeweilige Fahrzeug getroffen wurde bzw. welche Faktoren berücksichtigt werden. Auf der rechten Seite sind die ermittelten Emissionen aufgelistet [12].

---

[4] GIS = Geografisches Informationssystem.

[5] Das GLEC-Framework (Global Emission Council Framework) ist ein gloaber Industriestandard für die Berechnung und Berichterstattung von THG im Transportwesen entlang der Lieferkette [26].

[6] Bottom-Up-Ansatz: Der Gesamtwert wird aus der Summe seiner detaillierten Einzelkomponenten abgeleitet, anstatt von einem pauschalen Durchschnittswert auszugehen.

[7] SO_2 = Schwefeldioxid.

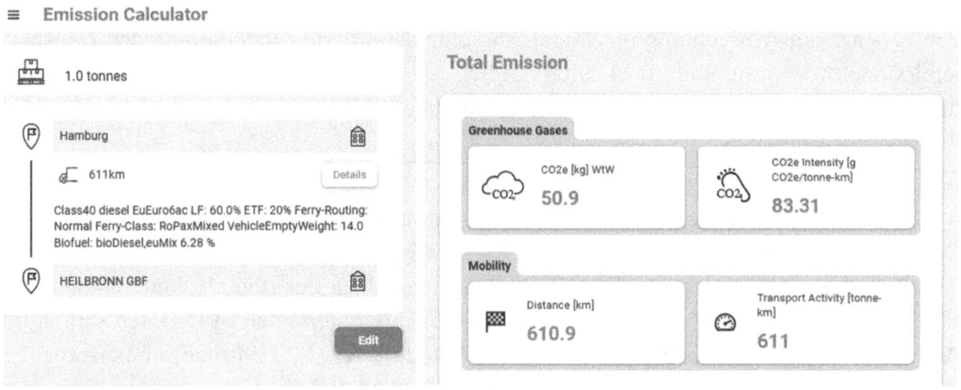

Abb. 3.3 Benutzeroberfläche des Emissionsrechners EcoTransIT World. Dargestellt sind die Eingabe- und Ausgabefunktionen sowie die berechneten Emissionen (Screenshot, EcoTransIT World [12])

3.2.2 Softwarelösungen zur Erstellung von Lebenszyklusanalysen

Neben spezialisierten Anwendungen zur Berechnung von Transportemissionen gibt es auch umfassende LCA-Tools, die vor allem auf die ganzheitliche Bilanzierung von Gebäuden ausgerichtet sind. Diese Systeme, wie Caala und Madaster, berücksichtigen Transportemissionen jedoch nur, sofern entsprechende Daten in den zugrunde liegenden EPDs enthalten sind. Daher weisen sie methodische Grenzen bei der detaillierten Abbildung der Module A2 und A4 auf.

Caala

Caala ist eine cloudbasierte Software zur Lebenszyklusanalyse und -optimierung von Gebäuden. Ihre Berechnungen beruhen auf Datenbanken wie der Ökobaudat. Der Schwerpunkt liegt auf den Modulen A1–A3 (Herstellung), den Nutzungsphasen (B) und Teilen der Entsorgung (C3–C4). Die Transportemissionen des Moduls A2 (Transport zum Hersteller) werden in die Bilanz einbezogen, sofern entsprechende Angaben in den EPDs vorhanden sind. Andernfalls wird das Modul nicht bilanziert oder es wird aggregiert mit den Modulen A1 und A3 bilanziert. Für das Modul A4 erfolgt hingegen keine standardmäßige, projektspezifische Modellierung, sondern es werden pauschale Annahmen oder Konventionen angewendet. Auf der Herstellerseite heißt es konkret: *„Die Module A4–A5 sowie C1–C2 beschreiben dabei sehr spezifische Prozesse, die je nach Region, Baustelle, Bauart, Hersteller, Wetter etc. variieren können. Da die Datengrundlage hierzu zum heutigen Zeitpunkt noch nicht ausreichend ist, werden diese Module aktuell auf Basis einer Konvention in den meisten Ökobilanzberechnungen nicht betrachtet.“* [5].

Für den Kontext dieser Arbeit ist insbesondere relevant, dass Caala trotz einer umfassenden Lebenszyklusbetrachtung im Modul A4 keine detaillierte Modellierung der Transportemissionen vornimmt und die Qualität der Ergebnisse in diesem Bereich maßgeblich von der Datenlage in den zugrunde liegenden EPDs abhängt [5].

Madaster

Madaster ist eine webbasierte Plattform zur Erfassung, Verwaltung und Auswertung von Bauwerksdaten. Sie ist insbesondere auf Materialbilanzen, Treibhausgasemissionen und Zirkularitätskennwerte ausgerichtet. Zentrales Element ist der digitale Materialpass, der sämtliche Bauteile und Materialien eines Gebäudes mit hinterlegten EPD-Daten verknüpft. Auf dieser Grundlage werden in der Regel die Module A1–A3 vollständig bilanziert. Die Daten für das Modul A2 werden entweder für das Modul separat oder aggregiert mit den Modulen A1 und A3 ausgewiesen. Das Modul A4 wird nur bilanziert, wenn Daten vorliegen, andernfalls wird es nicht berücksichtigt. Somit hängt die Genauigkeit der Abbildung von Transportemissionen unmittelbar von der Tiefe und Transparenz der verwendeten EPDs ab. Madaster verdeutlicht im Hinblick auf den Stand der Forschung, dass selbst moderne Plattformen mit einem ganzheitlichen Anspruch zur Bauwerksbilanzierung derzeit keine konsistente, projektspezifische Modellierung der Transportemissionen im Modul A4 gewährleisten können, sondern die bestehenden Datenlücken in EPDs übernehmen [20]. Dasselbe gilt für Modul A2, mit der Ausnahme das hier Daten teils nur aggregiert mit den Modulen A1 und A3 vorliegen [20].

Abschließende Einordnung

Die Analyse der Software-Landschaft offenbart eine klare methodische Zweiteilung. Während spezialisierte Anwendungen wie CarbonCare oder EcoTransIT World auf Basis normgerechter Verfahren eine präzise und transparente Kalkulation von Transportemissionen gewährleisten, sind umfassende LCA-Programme wie Caala oder Madaster systemisch limitiert. Ihre Genauigkeit hängt unmittelbar von der Datenqualität und -tiefe der hinterlegten EPDs ab. Da Transportemissionen, insbesondere für Modul A4, dort oft nicht explizit ausgewiesen werden, unterbleibt eine projektspezifische Modellierung. Folglich können selbst moderne, ganzheitliche Softwarelösungen für die Gebäudebilanzierung die realen Transportaufwände aktuell nur unzureichend abbilden, da ihre Architektur nicht für eine von EPDs losgelöste, detaillierte Transportanalyse ausgelegt ist.

Diese Erkenntnis ist die Grundlage für die in Abschn. 3.3 dargestellten wissenschaftlichen Studien. Diese quantifizieren den Einfluss von Transportemissionen auf die Gesamtbilanz und untermauern den Bedarf an präziseren Datengrundlagen.

3.3 Studien und Leitfäden zum Einfluss der Transportemissionen auf die Ökobilanz

In diesem Abschnitt werden Studien zusammengefasst, die sich schwerpunktmäßig mit der Ermittlung und den Auswirkungen der Transportemissionen sowie mit Methoden zu ihrer Berechnung und Bewertung befassen.

„Comparative Life-Cycle Assesment of a Mass Timber Building and Concrete Alternative“ – Gu, Hongmei et al. 2020 [15]
Zielsetzung der Studie

Die Studie von Gu, H. et al. verfolgt das Ziel, die Umwelteinwirkungen eines mehrstöckigen Massivholzgebäudes mit einem gleichwertigen Stahlbetongebäude zu vergleichen. Besonderes Augenmerk liegt dabei auf der Quantifizierung der Treibhausgasemissionen (GWP) über die Lebenszyklusmodule A1 bis A5, wobei auch die Auswirkungen unterschiedlicher Transportdistanzen des Baumaterials betrachtet werden. Ziel der Studie war es, aufzuzeigen, unter welchen Bedingungen der Einsatz von Holzkonstruktionen ökologische Vorteile gegenüber klassischen Stahlbetonkonstruktionen bietet.

Vorgehensweise der Studie

Für die Untersuchung wurde ein zwölfstöckiges Gebäude in Portland, Oregon (USA), das hauptsächlich in Massivholzbauweise errichtet wurde, mit einem Alternativgebäude in Stahlbetonbauweise verglichen. Die Umwelteinwirkungen wurden auf Basis einer LCA nach DIN EN 15978 und DIN EN ISO 14040/44 bewertet. Die Analyse umfasste die Module A1 bis A5, wobei insbesondere das Modul A4 in mehreren Szenarien variiert wurde. Aufgrund begrenzter Produktionsstandorte für Holzprodukte in den USA wurden testweise, in Annahme mit steigender Nachfrage für Holz, größere Transportdistanzen unter Betracht gezogen. Aus diesem Grund wurden sowohl regionale Lieferungen (im Umkreis von 320 km) als auch nationale und internationale Transportdistanzen, inklusive Überseetransporte (aus Europa), in der Analyse berücksichtigt. Die Umweltauswirkungen wurden primär anhand des GWP-Indikators bewertet.

Erkenntnisse und Übertragbarkeit für die eigene Arbeit

Die Studie belegt, dass Holzbausysteme bei kurzer Transportdistanz im Vergleich zu Stahlbeton deutliche Vorteile hinsichtlich der Treibhausgasemissionen aufweisen. Allerdings reduziert sich dieser Vorteil mit zunehmender Transportentfernung erheblich. Bei Überseetransporten kann sich der ökologische Vorteil sogar vollständig umkehren, sodass ein Holztragwerk eine schlechtere Klimabilanz aufweist als ein vergleichbares Stahlbetontragwerk. Für die eigene Arbeit lässt sich daraus ableiten, dass Transportdistanzen einen wesentlichen Einfluss auf die Ökobilanz haben und daher projektspezifisch berücksichtigt werden müssen. Die Ergebnisse unterstützen zudem die Hypothese, dass pauschale Annahmen in EPDs für Modul A4 zu einer fehlerhaften Bewertung führen können. Die Studie

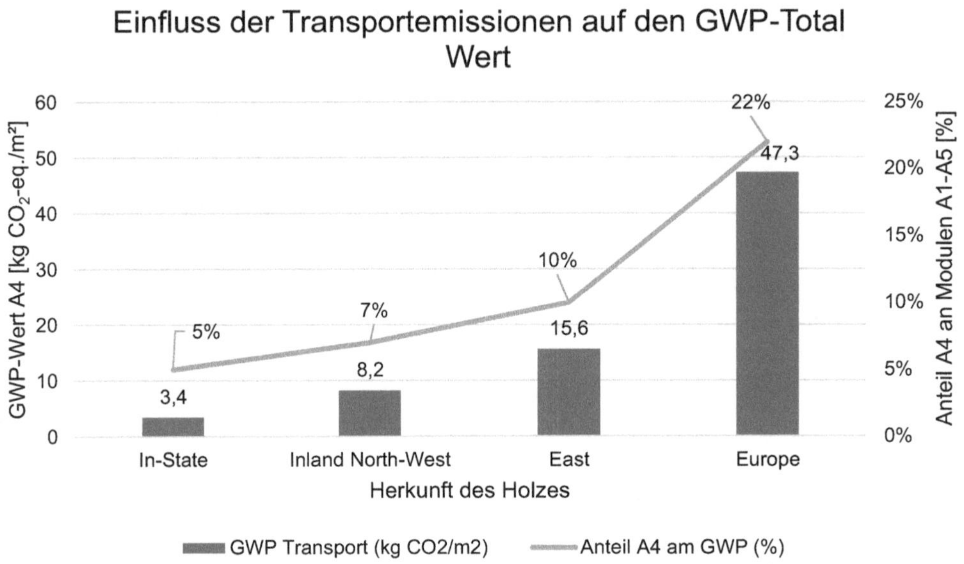

Abb. 3.4 Einfluss der Transportdistanz auf die Transportemissionen (A4) und deren Anteil am Gesamt-GWP (A1–A5) bei CLT-Bauteilen. (Nach Gu, H. et al. [14])

liefert somit eine wichtige Argumentationsgrundlage für die Notwendigkeit eigener Transportberechnungen innerhalb der entwickelten Methodik dieser Arbeit. Darüber hinaus zeigt die Studie, dass Holz beim GWP-Wert zwar insbesondere bei kurzen Transportdistanzen Vorteile bietet, jedoch teils negativer als die Stahlbetonvariante abschneidet. Gründe hierfür sind energieintensive Herstellungsschritte wie die technische Trocknung des Holzes und die Produktion von Harzen und Leimen für Holzwerkstoffe, deren Emissionen das Smog- und Versauerungspotenzial belasten. Außerdem hat Holz in diesem Fall einen höheren Bedarf an Primärenergie (vgl. Tab. 3.2 in der Studie). Abb. 3.4 zeigt zum einen den entsprechenden GWP-Wert, den der Transport ausmacht (Balken) und zum anderen den dementsprechenden Anteil des Moduls A4 am gesamten A1–A5 Wert.

„End-of-life modelling of buildings to support more informed decisions toward achieving circular economy targets" – Mirzaie, S. et al. 2020 [22]

Zielsetzung der Studie

Die Studie von Mirzaie et al. verfolgt das Ziel, die Unterschiede zwischen zwei gängigen Ansätzen zur Lebenszyklusanalyse im Bauwesen, der CEN[8]-Norm (DIN EN 15804/15978) und dem Product Environmental Footprint (PEF), zu untersuchen. Besonderes Augenmerk liegt auf der Frage, wie die jeweiligen Berechnungsansätze der Transportemissionen entlang des Lebenszyklus eines Gebäudes erfasst und bewertet werden. Dabei wird nicht der

[8] CEN = Comité Européen de Normalisation (franz.) – Europäisches Komitee für Normung.

Einfluss eines bestimmten Baustoffes oder einer spezifischen Bauweise betrachtet, sondern die methodischen Auswirkungen auf das Endergebnis in der Ökobilanzierung analysiert.

Vorgehensweise der Studie

Die Methodik umfasst eine vergleichende Analyse, in der die Transportmodule A2, A4 und C2 gezielt einbezogen werden. Zur Berechnung der Transportemissionen wird im PEF-Ansatz die sogenannte Circular Footprint Formula (CFF) angewendet. Diese quantifiziert Transportaufwendungen anhand von Distanz, Transportmittel (E_fright) und Auslastungsgrad (Utilisation Ratio) systematisch. Zusätzlich werden Recyclinganteile berücksichtigt, die zwei Dimensionen umfassen:

1. R1: Anteil an recyceltem Material, der bereits im Produkt enthalten ist (recycled content).
2. R2: Anteil des Materials, der am Lebensende recycelt wird (Recyclability at End-of-Life).

Der PEF-Ansatz integriert diese Recyclingpfade in die Transportberechnung und verwendet einen Allokationsfaktor „A", der die Aufteilung von Umweltlasten und -gutschriften zwischen Vor- und Nachnutzern des Materials steuert.

Im Gegensatz dazu fokussiert sich der CEN-Ansatz im Modul A2 ausschließlich auf den reinen Transport zur Herstellung, während die Effekte von Recycling und Wiederverwendung in anderen Modulen (z. B. Modul D) bilanziert werden (gemäß DIN EN 15978 [7]).

Erkenntnisse und Übertragbarkeit für die eigene Arbeit

Die Studie verdeutlicht, dass Transportemissionen einen signifikanten Anteil an den Gesamtemissionen ausmachen können und dass sie je nach angewendetem Ansatz (CEN oder PEF) methodisch sehr unterschiedlich bilanziert werden. Während der PEF-Ansatz Recyclinganteile und Marktallokationen direkt in die Transportformel integriert, trennt der CEN-Ansatz Transportemissionen strikt von Recyclingpfaden ab und weist Letztere separat im Modul D aus. Die DIN EN ISO 14083 orientiert sich methodisch eher am CEN-Ansatz, da sie Transportemissionen ausschließlich auf Basis von Masse, Transportdistanz und spezifischen Emissionsfaktoren ermittelt, ohne Recyclinganteile zu berücksichtigen.

Die Studie verdeutlicht den signifikanten methodischen Unterschied. Da der PEF-Ansatz kein separates Modul D für Recyclingpotenziale vorsieht, werden sowohl Gutschriften als Faktoren zu möglichem Recycling direkt in die Berechnungsformel des jeweiligen Moduls integriert. Im Gegensatz dazu trennt der CEN-Ansatz die Module strikt. So wird der Transport am Lebensende transparent im Modul C2 erfasst (auch bei Recycling), während Gutschriften für das recycelte Material in Modul D bilanziert werden. Dieser Modulaufbau nach CEN- bzw. ISO-Logik ist für die eigene Methodik zielführend. Das entwickelte Tool quantifiziert die reinen Transportmodule (A2, A4, (C2)) und liefert damit einen präzisen und normenkonformen Baustein für eine vollständige Lebenszyklusanalyse.

Für die eigene Methodik bedeutet dies: Wenn der Fokus auf der reinen Quantifizierung von Transportemissionen liegt, ist eine Berechnung nach CEN bzw. ISO-Logik konsistenter. Soll hingegen der gesamte Materialfluss einschließlich der Recyclingpfade abgebildet werden, könnte eine Erweiterung der PEF-Elemente (z. B. Allokationsfaktor „A") sinnvoll sein. Das im Rahmen dieser Arbeit entwickelte Tool ist derzeit auf den reinen Transport ausgelegt, könnte bei Bedarf aber um Recyclingparameter ergänzt werden, um eine umfassendere Systembetrachtung zu ermöglichen.

„Vergleichende Ökobilanz von Varianten einer Hallenkonstruktion" – Gensch, C. et al. 2024 [14]

Zielsetzung der Studie

Die im Jahr 2024 vom ifeu durchgeführte Studie untersucht den Treibhausgasausstoß von Hallenkonstruktionen in vier unterschiedlichen Bauweisen: Stahlkonstruktion feuerverzinkt, Stahlkonstruktion nassbeschichtet, Stahlbetonkonstruktion und Holzkonstruktion. Ziel war es, auf Grundlage aktueller Normen eine umfassende Cradle-to-Grave-Betrachtung durchzuführen und die Klimaauswirkungen über den gesamten Lebenszyklus hinweg vergleichbar zu machen. Die Ergebnisse sollen Unternehmen und Bauherren als Entscheidungshilfe bei der Wahl emissionsarmer Bauweisen dienen.

Vorgehensweise der Studie

Die Berechnung erfolgte gemäß den Vorgaben der DIN EN ISO 14040/14044 und orientierte sich an gängigen Referenzgebäuden im Bereich des Hallenbaus. Es wurden die Module A1–A3 (Herstellung), A4 (Transport zur Baustelle), A5 (Errichtung), B1–B7 (Nutzung), C1–C4 (Rückbau), und D (Recyclingpotenziale) betrachtet. Die Transportemissionen des Moduls A4 wurden explizit bilanziert, wobei neben pauschalen Annahmen auch die projektspezifischen Transportwege berücksichtigt wurden. Die Studie basiert auf aktuellen EPD-Daten und berücksichtig bei den Transportemissionen insbesondere die Transportmittel Straßentransporte und ggf. Bahntransporte für spezifische Materialien.

Erkenntnisse und Übertragbarkeit für die eigene Arbeit

Die Studie liefert wertvolle Hinweise für die eigene Arbeit. So zeigt sich, dass unterschiedliche Konstruktionsvarianten, insbesondere zwischen Holz-, Stahl- und Stahlbetonbauweisen, hinsichtlich der Transportemissionen unterschiedliche Auswirkungen haben. Damit wird exemplarisch deutlich, dass Transporte zwar einen relevanten, jedoch keinen dominierenden Beitrag zur Gesamtbilanz leisten. Konkret liegt der Anteil der Transportemissionen im untersuchten Beispiel bei unter einem Prozent (vgl. Abb. 1.3 in Studie [13]) der Gesamtemissionen. Gleichzeitig bleibt in der Studie unklar, auf welcher Datengrundlage und mit welchen Annahmen die Transportdistanzen bilanziert wurden. Dies unterstreicht die Notwendigkeit, bei eigenen Berechnungen möglichst transparente und projektspezifische Annahmen zu treffen. Für die Methodik der vorliegenden Arbeit bedeutet dies, dass sowohl die Unterschiede zwischen den Bauweisen als auch die Unsicherheiten in der Datenbasis berücksichtigt werden sollten.

Carbon Footprint – Teilbereich „Monitoring für den CO_2-Ausstoß“ – Umweltbundesamt 2012 [24]

Zielsetzung der Studie

Mit der Zielsetzung, eine standardisierte Methodik zur Berechnung von THG-Emissionen zu etablieren, veröffentlichte das UBA bereits 2012 einen praxisorientierten Leitfaden. Die methodischen Grundlagen dieses Leitfadens flossen anschließend maßgeblich in die Formulierung der früheren europäischen Norm DIN EN 16258 ein. Die Studie betrachtet Transportprozesse unabhängig von bestimmten Branchen oder Anwendungsfällen und bietet somit eine allgemeingültige Grundlage für die Bilanzierung von Transportemissionen.

Vorgehensweise der Studie

Die Methodik folgt dem Ansatz der Lebenszyklusanalyse und berücksichtigt sowohl direkte Emissionen als auch vorgelagerte Emissionen aus der Kraftstoffbereitstellung. Die Summe aus beiden ergibt die Gesamtemissionen (vgl. Abschn. 3.1 – DIN EN ISO 14083). Zur Berechnung werden durchschnittliche Verbrauchswerte und Emissionsfaktoren pro Transportmittel angegeben, die auf Tonnenkilometer (tkm) standardisiert sind. Für sogenannte Volumengüter, bei denen die Transportkapazität eher durch das Volumen als durch das Gewicht bestimmt wird, wird alternativ eine Allokation auf Lademeter- oder Kubikmeterkilometer empfohlen (vgl. Abschn. 2.4 [25]).

Erkenntnisse und Übertragbarkeit auf die eigene Arbeit

Die Studie liefert praxisnahe Durchschnittswerte, bspw. 68 g CO_2-eq./tkm (WTW) für den Lkw-Transport mit 40-t-Fahrzeugen, 18 g CO_2-eq./tkm für Schienentransport und 17 g CO_2-eq./tkm für den Seetransport. Diese Verbrauchswerte sind eine wichtige Orientierungsgröße, insbesondere da aktuellere, öffentlich zugängliche Datensätze, abseits der des UBA [29] bzw. ÖUBA [28], nicht verfügbar sind. Für die eigene Arbeit dient die Studie nicht als direkte Berechnungsgrundlage, sondern als wichtige Referenz zu den aktuelleren Werten des UBA bzw. ÖUBA. Die darin enthaltenen Kennwerte ermöglichen es, die Unterschiede zu den heute verwendeten Emissionsfaktoren festzustellen und bei der abschließenden Bewertung zu berücksichtigen. Zudem verdeutlicht die Studie weiterhin methodische Aspekte wie die Erfassung von Leerfahrten und die mögliche Umrechnung auf volumenspezifische Bezugsgrößen. Damit liefert sie trotz ihres Alters einen wertvollen Kontext zur Einordnung der in dieser Arbeit verwendeten Daten.

„Treibhausgasemissionen im Transportsektor: Leitfaden zur DIN EN ISO 14083, Anwendung und Beispiele“ – Umweltbundesamt 2024 [1]

Zielsetzung des Leitfadens

Der aktuelle Leitfaden des UBA aus dem Jahr 2024 beschreibt die Anwendung der neuen internationalen Norm DIN EN ISO 14083, die seit März 2023 die bisherige EN 16258 abgelöst hat. Die DIN EN ISO 14083 zielt auf eine einheitliche und nachvollziehbare Ermittlung und Berichterstattung von THG entlang von Transportketten ab. Der

Fokus liegt auf einer umfassenden Erfassung sämtlicher Transportvorgänge und logistischer Umschlagprozesse (Hubs), unabhängig von Branche oder Anwendungsbereich. Von der Norm profitieren sowohl Unternehmen aus dem Transportsektor als auch alle Branchen, die Transportemissionen im Rahmen von Nachhaltigkeitsberichten erfassen müssen.

Vorgehensweise des Leitfadens

Die DIN EN ISO 14083 definiert klare Systemgrenzen, indem sie sowohl die Emissionen aus dem Betrieb von Fahrzeugen und Hubs (Betriebsemissionen) als auch die Emissionen aus der Energiebereitstellung (z. B. Kraftstoffherstellung, Strombereitstellung) einbezieht. Damit ersetzt sie die früheren Begrifflichkeiten „Tank-to-Wheel" (TTW) und „Well-to-tank" (WTT) durch eine integrierte Betrachtung. Die Berechnungen erfolgen über TCEs und TOCs. Dabei sind sowohl Primärdaten (Messdaten) als auch modellierte Sekundärdaten zulässig. Dabei wird betont, dass Primärdaten grundsätzlich Vorrang haben, bei Nichtverfügbarkeit jedoch auch Sekundärdaten, vorzugsweise modellierte, verwendet werden können. Als Bilanzierungsmaßstab werden weiterhin Tonnenkilometer (tkm) für Gütertransporte genutzt. Die Norm berücksichtigt jedoch auch eine Allokation über andere Bezugsgrößen (z. B. Kubikmeterkilometer), wenn diese bei Volumengütern sinnvoll ist (vgl. [24, 25]).

Erkenntnisse und Übertragbarkeit für die eigene Arbeit

Die DIN EN ISO 14083 ist aktuell der maßgebliche methodische Standard für die Bilanzierung von Transportemissionen. Für die eigene Arbeit ergibt sich daraus eine wichtige Orientierung hinsichtlich Systemgrenzen, Datenqualität und Bilanzierungsverfahren. Obwohl die Norm selbst keine konkreten Durchschnittswerte für Emissionsfaktoren enthält, sondern vor allem die Berechnungslogik und die Systemgrenzen definiert, verweist der Leitfaden auf die Bedeutung von Primärdaten und – falls keine Messwerte vorliegen – von modellierten Sekundärdaten. Für die Berechnung der Module A2 und A4 im Gebäudekontext bietet der Leitfaden somit eine fundierte Grundlage für die Systematik der Emissionsberechnung, auch wenn die Kennwerte aus anderen Studien oder Publikationen entnommen werden müssen.

Besonders relevant für die eigene Methodik ist die Systematik der DIN EN ISO 14083, die eine realitätsnahe Erfassung logistischer Prozesse wie Leerfahrten ermöglicht. Während die Norm darüber hinaus auch Hubs und Zwischenlagerungen detailliert berücksichtigt, konzentriert sich diese Arbeit auf die reine Transportleistung. Der Leitfaden legt außerdem Wert auf die Dokumentation getroffener Annahmen und der Datenqualität, was für eine nachvollziehbare Ökobilanzierung im Bauwesen von Bedeutung ist. Insgesamt stellt der UBA-Leitfaden somit eine solide methodische Referenz für die konkrete Berücksichtigung von Transportemissionen in Lebenszyklusanalysen dar.

Weitere Studien

Neben den zentral ausgewerteten Arbeiten gibt es weitere Untersuchungen, die Transportemissionen in Gebäudeökobilanzen berücksichtigen, ohne dabei einen methodischen

Schwerpunkt zu setzen. So zeigte bspw. eine DGNB-Studie von Braune, A. [3] aus dem Jahr 2015, dass das Transportmodul A4 damals noch nicht verbindlich Teil der Ökobilanzierung war. Die Autorin betonte jedoch, dass das Modul A4 künftig stärker berücksichtigt werden sollte, da es das Gesamtergebnis beeinflussen könne. Sie schätzte den Beitrag von A4 auf bis zu 10 % der Gesamtemissionen und stufte seine ökologische Relevanz damit als „mittel" ein. Auch die sektorweite Analyse des Bundesinstituts für Bau-, Stadt- und Raumforschung (BBSR, [30]) verdeutlicht die Bedeutung vorgelagerter Prozesse. Rund 20 % der gesamten Emissionen des Bausektors entfallen auf die vorgelagerten Prozesse wie Rohstoffgewinnung, Transport und Herstellung.

Mayer, A. [21] differenziert in seiner vergleichenden Analyse von Modul- und konventionellem Bau die Berechnungsmethodik für Transportemissionen je nach Bauphase. Während er für den massenintensiven Rohbau auf eine Bilanzierung in Tonnenkilometern zurückgreift, ermittelt er die kleinteiligeren Transporte des Innenausbaus fahrtenbasiert über Fahrzeugkilometer. Somit wird deutlich, dass unterschiedliche Berechnungsansätze (tkm vs. km-basiert) zu vergleichbaren Ergebnissen in derselben Einheit (kg CO_2-eq. führen können, ihre methodische Grundlage jedoch variiert. Der tkm-Ansatz eignet sich für massenintensive Bauteile, während fahrtenbasierte Methoden insbesondere für Ausbaugewerke und kleinere Transporte Anwendung finden können.

Exemplarische Auswertung von EPDs am Beispiel von Holzwerkstoffen

Um die in der Praxis bestehende Herausforderung der Datenverfügbarkeit zu veranschaulichen, werden nachfolgend exemplarisch EPDs von Holzwerkstoffen analysiert. Der Fokus auf Holz begründet sich aus dem späteren Anwendungsbeispiel, in dem Holz die zentrale Alternative darstellt. Zwar erlauben die normativen Regelwerke Systemgrenzen wie „Cradle-to-Gate", bei denen das Modul A4 optional ist (vgl. Abschn. 2.1, Tab. 2.1). Ziel der folgenden EPD-Analyse ist es jedoch aufzuzeigen, dass diese normative Flexibilität in der Praxis zu einer systematischen Datenlücke führt, die eine projektspezifische Bewertung des finalen Transports zur Baustelle erschwert. Tab. 3.1 zeigt die Ergebnisse dieser Untersuchung.

Die Analyse der EPD-Datensätze bestätigt die mangelnde Transparenz bei Transportemissionen. Das Modul A4 fehlt in den untersuchten EPDs durchgängig. Dies ist häufig eine direkte Folge der gewählten Systemgrenze („Cradle-to-Gate"), die zwar normenkonform ist, aber eine vollständige Bilanzierung des Transports zur Baustelle von vornherein ausschließt.

Auch das Modul A2 wird oft nur aggregiert mit A1 und A3 ausgewiesen, was eine separate Analyse verhindert. Diese Ergebnisse stützen die Beobachtungen aus der Literatur und verdeutlichen die Notwendigkeit einer differenzierten, projektspezifischen Betrachtung. Die erhebliche Varianz der wenigen separat ausgewiesenen A2-Werte – zwischen 1,36 kg CO_2-eq. und 10,29 kg CO_2-eq. – unterstreicht zusätzlich, dass die zugrunde liegenden Annahmen (z. B. Transportdistanzen) intransparent sind und eine verlässliche Vergleichbarkeit erschweren.

Tab. 3.2 fasst nochmals allgemein die Erkenntnisse zusammen, welche im Rahmen der allgemeinen Literaturrecherche für diese Arbeit von Vorteil sind.

Tab. 3.1 Bewertung des Transportmoduls A2 und A4 in Holz-EPDs hinsichtlich Transparenz und Datenlage

EPD	Modul A2	GWP-Fossil A2	Modul A4	Kommentar
Binderholz GmbH – Brettschichtholzwerk [4a]	Ja	6,26 kg CO_2-eq.	Nein	Nach EPD werden alle Angaben zu Stoff- und Energieströmen per Fragebogen ermittelt. Es ist nicht ersichtlich, von wo das Holz bezogen wird
Balkenschichtholz (Durchschnitt DE) – Thünen-Institut für Holzforschung [4f]	Ja	10,29 kg CO_2-eq.	Nein	Nach Ökobaudat keine Informationen zur Herkunft oder Transportdistanz -> vermutlich da Durchschnittswerte
Balkenschichtholz Nadelholz (generisch) – Sphera Solutions GmbH [4d]	Nein	X	Nein	Die Angabe erfolgt in Summe für A1–A3. Nicht nachvollziehbar was der Transport ausmacht. Wert für A1–A3 -583 kg CO_2-eq.
Duobalken®, Triobalken® (Balkenschichtholz) – Studiengemeinschaft Holzleimbau e. V. und Überwachungsgemeinschaft Konstruktionsvollholz e. V. [4e]	Ja	1,36 kg CO_2-eq.	Nein	Es ist nicht ersichtlich, von wo das Holz bezogen wird
Konstruktionsvollholz Keilgezinktes Vollholz GLT®Geprüfte Leimholz Träger – HASSLACHER Holding GmbH [4b]	Nein	X	Nein	Die Angabe erfolgt in Summe für A1–A3. Nicht nachvollziehbar was der Transport ausmacht. Wert für A1–A3 -696 kg CO_2-eq.
Brettschichtholz, Balkenschichtholz, Verbundbauteile aus Brettschichtholz, Sonderbauteile – HASSLACHER Holding GmbH [4c]	Nein	X	Nein	Die Angabe erfolgt in Summe für A1–A3. Nicht nachvollziehbar was der Transport ausmacht. Wert für A1–A3 -608kg CO_2-eq.

3.4 Auswertung Stand der Forschung

Die in Abschn. 3.3 betrachteten Studien liefern einen Überblick über verschiedene methodische Ansätze zur Bilanzierung von Transportemissionen und deren Einflussgrößen. Im Folgenden werden die wesentlichen Erkenntnisse zusammengefasst, bevor die für die eigene Methodik relevanten Punkte abgeleitet werden.

Tab. 3.2 Erkenntnisse der Literaturrecherche

Quelle	Erkenntnisse für die Arbeit
Braune, A. [3]	• Einordnung der Größe der Transportemissionen im Modul A4 (bis zu 10 %).
Carbon Footprint – Teilgutachten „Monitoring für den CO_2-Ausstoß in der Logistikkette" [24]	• Weitere Beispiele nach alter Berechnungslogik. • Verbrauchskennwerte von Transportmitteln. • Rechenbeispiele unterschiedlicher Ansätze (tkm, pkm usw.).
DIN EN 15804 [7]	• Transportphasen im Lebenszyklus.
Gensch, C. [14]	• Unterschiedliche Höhe von Transportemissionen je nach Bauart. • Einordnung der Größe der Transportemissionen im Modul A4 (<1 %).
Gu, H. et al. [15]	• Auswirkung der Transportemissionen auf GWP-Wert. • Transportdistanzen nehmen Einfluss auf Emissionen.
DIN EN ISO 14083 [11]	• Berechnung von Transportemissionen.
Leitfaden zur DIN EN 16258 [25]	• Weitere Beispiele nach alter Berechnungslogik. • Verbrauchskennwerte von Transportmitteln. • Unterschied Volumengut zu Massengut. • Zuschlagsfaktoren zu Leerfahrten und Verbrauchsanpassungen.
Leitfaden zur DIN EN ISO 14083 des UBA [2]	• Methodik zur Berechnung von Transportemissionen. • Beispiele für das Verständnis.
Mayer, A. [21]	• Annahmen zu durchschnittlichen Transportentfernungen und unterschiedliche Berechnungsansätze (tkm vs fkm).
Mirzaie, S. [22]	• Es gibt unterschiedliche methodische Ansätze (CEN vs. PEF). • Der CEN-Ansatz ist besser geeignet für diese Arbeit.
Straczek-Helios, P. [27]	• Transportmittel, Umschlagprozesse, Transportketten im Bauwesen, Annahmen zu Transportdistanzen.

Die Studien liefern für die vorliegende Arbeit folgende Erkenntnisse:

- Die Transportdistanz kann erheblichen Einfluss auf den GWP-Wert von Gebäuden nehmen (vgl. Gu, H. et al. [15]).
- Insbesondere Überseetransporte führen zu einer deutlichen Erhöhung der Emissionen (vgl. Gu, H. et al. [15]).
- Für die methodische Ermittlung der Transportemissionen stellt die DIN EN ISO 14083 die aktuelle normative Grundlage dar (vgl. UBA 2024 [2]).
- Grundsätzlich ist zwischen der Güterart zu Unterscheiden. Für die Arbeit ist die Berechnung für Massengüter essenziel (vgl. Schmied, M. [24, 25]).
- Die Ansätze von CEN und PEF unterscheiden sich in der Behandlung der Module A2 und A4 grundlegend voneinander. Während die CEN-Methoden Transportemissionen analog zur DIN EN ISO 14083 als Produkt aus Masse, Distanz und Emissionsfaktor bilanzieren und Recyclingpfade in separate Module (z. B. Modul D) auslagern, werden Recyclinganteile im PEF-Ansatz direkt in die Transportberechnung integriert [24]. Für die vorliegende Arbeit ist der CEN-Ansatz vorzuziehen, da er den europäischen Normen (DIN EN 15978, DIN EN 15804) entspricht und Emissionen und Gutschriften nicht vermengt. Auch gängige Software wie Caala oder Madaster folgt diesem Vorgehen [5, 20].
- Ein weiterer Unterschied betrifft die Datengrundlage. Entweder werden aggregierte Emissionskennwerte, bspw. aus HBEFA, TREMOD oder wie der ÜUBA, genutzt oder einzelne Einflussfaktoren werden detailliert modelliert. Da aggregierte Werte bereits Parameter wie den Beladungsgrad oder den Verkehrsfluss enthalten, sind sie besonders für praxisnahe, standortbezogene Abschätzungen geeignet. In der vorliegenden Arbeit wird dieser Ansatz verwendet, da er mit den verfügbaren Eingangsdaten kompatibel ist und den Einfluss des Transportaufwands auf die Gesamtbilanz großvolumiger Bauteile ausreichend abbildet [27–29].

Für die vorliegende Arbeit bildet der Leitfaden zur DIN EN ISO 14083 die methodische Grundlage für die Bilanzierung der Transportemissionen. Ergänzend wird auf nationale Berechnungsgrundlagen wie der Leitfaden des Umweltbundesamtes zurückgegriffen, um eine konsistente und nachvollziehbare Emissionsbewertung sicherzustellen. Abb. 3.5 veranschaulicht, welche Quellen in die eigene Methodik fließen.

Auf Basis der analysierten Bewertungsansätze sowie der identifizierten Forschungsdefizite wird im nächsten Schritt eine eigene Methodik entwickelt. Diese soll Transportemissionen strukturiert und praxisnah in die Ökobilanzierung integrieren und dabei systematisch auf die spezifischen Anforderungen des Bauwesens eingehen.

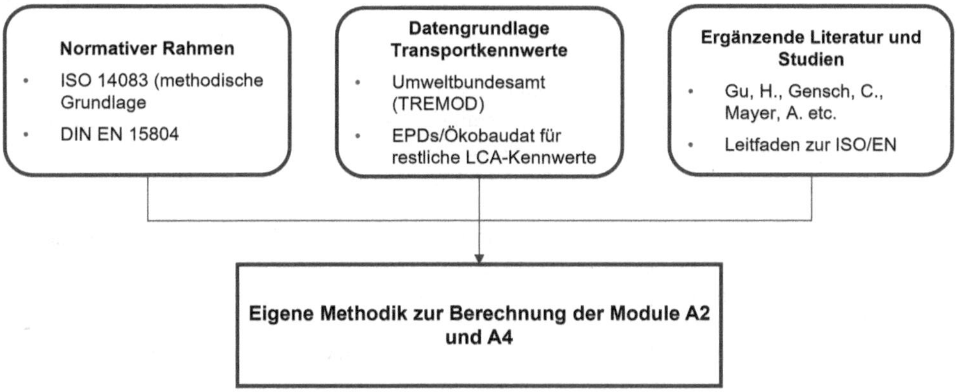

Abb. 3.5 Schematische Darstellung der methodischen Grundlagen und Datenquellen zur Berechnung der Transportemissionen. (Eigene Darstellung)

Literatur

1. Allekotte, M. et al. Aktualisierung TREMOD/TREMOD-MM und Ermittlung der Emissionsdaten des Verkehrs nach KSG im Jahr 2023, Umweltbundesamt, 2024.
2. Biemann, K. et al. Treibhausgasemissionen im Transportsektor – Leitfaden zur ISO 14083, Umweltbundesamt, 2024.
3. Braune, A. Benchmarks für die Treibhausgasemissionen der Gebäudekonstruktion – Ergebnisse einer Studie mit 50 Gebäuden, Deutsche Gesellschafft für nachhaltiges Bauen e. V., 2021.
4. Bundesministerium für Wohnen, Stadtentwicklung und Bauwesen Ökobaudat – Informationsportal Nachhaltiges Bauen. Online-Datenbank. Verfügbar unter: https://www.oekobaudat.de/, 08.08.2025, Darin verwendet: a) Binderholz GmbH, EPD-Nr. EPD-BBS-20190164-IBA1-DE b) Hasslacher Holding GmbH: EPDHAS20210171IBD1DE c) Hasslacher Holding GmbH: EPDHAS20210170IBD1DE d) Sphera Solution GmbH (2021): EPD-BSH-20210161-IBG1-DE e) Studiengemeinschaft Holzleimbau e. V.: EPD-SHL-20180026-IBG1-DE f) Thünen-Institut für Holzforschung (2018): Balkenschichtholz (Durchschnitt DE) (keine EPD-Nummer hinterlegt).
5. Caala https://www.caala.de/lexikon/lebenszyklusmodule, 10.07.2025.
6. CarbonCare https://www.carboncare.org/, 05.08.2025.
7. Deutsches Institut für Normung e. V. DIN EN 15804:2022-03, Nachhaltigkeit von Bauwerken – Umweltproduktdeklarationen – Grundregeln für die Produktkategorie Bauprodukte, Beuth Verlag, Berlin.
8. Deutsches Institut für Normung e. V. DIN EN 15978:2024-05, Nachhaltigkeit von Bauwerken – Bewertung der Umweltleistung von Gebäuden – Methodik, Beuth Verlag, Berlin.
9. Deutsches Institut für Normung e. V. DIN EN ISO 14040:2021-02, Umweltmanagement – Ökobilanz – Grundsätze und Rahmenbedingungen, Beuth Verlag, Berlin.
10. Deutsches Institut für Normung e. V. DIN EN ISO 14044;2021-02, Umweltmanagement – Ökobilanz – Anforderungen und Anleitungen, Beuth Verlag, Berlin.

11. Deutsches Institut für Normung e. V. DIN EN ISO 14083:2024-06, Treibhausgase – Quantifizierung und Berichterstattung über Treibhausgasemissionen von Transportvorgängen, Beuth Verlag, Berlin.
12. EcoTransIT World https://emissioncalculator.ecotransit.world/, 05.08.2025.
13. Frischknecht, R. Lehrbuch der Ökobilanzierung. 1. Auflage, Springer-Verlag GmbH, Berlin, 2020. ISBN: 978-3-662-54762-5.
14. Gensch, C. et al. Vergleichende Ökobilanz von Varianten einer Hallenkonstruktion. Öko-Institut e. V., Freiburg im Breisgau, 2024.
15. Gu, H. et al. Comparative life-cycle assessment of a mass timber building and concrete alternative. Wood and Fiber Science, Band 52, Heft 2, 2020.
16. Handbuch für Emissionsfaktoren des Straßenverkehres https://www.hbefa.net/de/startseite, 10.07.2025.
17. Institut für Energie- und Umweltforschung https://www.ifeu.de/methoden-tools/modelle/tremod, 10.07.2025.
18. Lechner, R. EU-Taxonomiekonformität im Gebäudesektor (Erläuterungen zum Nachweisweg mit klimaaktiv). Bundesministerium für Klimaschutz, Umwelt, Energie, Mobilität, Innovation und Technologie, 02.2024.
19. Lerner, M. Einfluss der EU-Taxonomie auf den Mittelstand, Springer Fachmedien Wiesbaden GmbH, Wiesbaden, 2023. ISBN: 978-3-658-42079-6.
20. Madaster Germany https://madaster.de/, 05.08.2025.
21. Mayer, A. Modularer Wohnungsbau im Vergleich zum konventionellen Wohnbau: Eine ganzheitliche Nachhaltigkeitsanalyse, Masterarbeit, Technische Universität Wien, Wien, 2023. Bibliothekskatalog: AC16971033.
22. Mirzaie, S. et al. End-of-life modelling of buildings to support more informed decisions towards achieving circular economy targets, The International Journal of Life Cycle Assessment, Band 25, Seiten 2122–2139, 2020.
23. Sakris, E. Chancen und Herausforderungen für nachhaltiges und kreislaufgerechtes Bauen von Einzelhandelsimmobilien, Springer Fachmedien Wiesbaden GmbH, Wiesbaden, 2025. ISBN: 978-3-658-47954-1.
24. Schmied, M. et al. Carbon Footprint – Teilgutachten „Monitoring für den CO2-Ausstoß in der Logistikkette", Umweltbundesamt, Texte 29/2012, 2012.
25. Schmied, M. et al. Berechnung von Treibhausgasemissionen in Spedition und Logistik gemäß DIN EN 16258, DSLV Deutscher Speditionsund Logistikverband e. V., 2013.
26. Smart Fright Centre https://www.smartfreightcentre.org/en/our-programs/emissions-accounting/global-logistics-emissions-council/, 26.08.2025.
27. Straczek-Helios, P. Transportlogistik im Bauwesen, Masterarbeit, Technische Universität Wien, Wien, 2005. Bibliothekskatalog: AC05037687.
28. Umweltbundesamt Österreich https://www.umweltbundesamt.at/umweltthemen/mobilitaet/mobilitaetsdaten/emissionsfaktoren-verkehrsmittel, 12.07.2025.
29. Umweltbundesamt Deutschland https://www.umweltbundesamt.de/themen/verkehr/emissionsdaten#hbefa, 29.08.2025.
30. Welsch und Lützkendorf Umweltfußabdruck von Gebäuden in Deutschland, Bundesinstitut für Bau-, Stadt- und Raumforschung (BBSR), Bonn, 2020. In: BBSR-Texte 17/2020. ISSN: 1868-0097.

Entwicklung einer Methodik zur Integration von Transportemissionen in die Ökobilanzierung

4

4.1 Methodik

Mithilfe des entwickelten Berechnungstools können bestehende Ökobilanzen um fehlende oder unzureichend deklarierte Transportemissionen in den Modulen A2 und A4 ergänzt werden. Der Ansatz knüpft unmittelbar an die in Abschn. 3.3 identifizierten Lücken in EPDs an. In diesen werden Transportemissionen, insbesondere bei Holzprodukten, häufig nicht oder nur unvollständig bilanziert (vgl. Abschn. 3.2 und Tab. 3.1, Abschn. 3.3). Auch bei Betonbauteilen sind A2-Werte in der Regel nicht separat ausgewiesen, sondern mit A1 und A3 zusammengefasst oder es wird eine fixe Transportentfernung (z. B. 15 km) für A4 angenommen (vgl. [2] in Anhang 3.4 [6]). Diese unzureichende Datenlage erschwert eine präzise Abbildung der Einflüsse der Transportmodule in gängigen LCA-Tools wie Caala und Madaster.

Methodische Grundlage und Normbezug

Die Entwicklung des Tools orientiert sich methodisch am UBA-Leitfaden zur DIN EN ISO 14083 [3] bzw. DIN EN 16258 [21]. Die ISO/CEN-Logik wurde bewusst dem PEF-Ansatz (vgl. Abschn. 3.3, Mirzaie et al. [18]) vorgezogen, um die Kompatibilität mit den in Europa etablierten Lebenszyklusmodulen (gem. DIN EN15804 [8]/15978 [9], sowie ISO 14040 [10] / 14044 [11]) sicherzustellen. Folgerichtig werden Recyclinganteile oder Gutschriften nicht in A2 oder A4 integriert, da dies den in den Normen festgelegten Systemgrenzen widersprechen würde (vgl. Abb. 2.1, Abschn. 2.1).

Zentraler Berechnungsgrundsatz (Tonnenkilometer)

Ein zentrales Ergebnis der Normenlektüre ist, dass die Transportleistung in Tonnenkilometern (tkm), also der Multiplikation von Masse und Distanz, die maßgebliche Bezugsgröße der Emissionsberechnung von großvolumigen Bauteilen ist [3, 21]. Diese Einsicht hat den

M. Lambrecht, *Vom Werk zur Baustelle*, Entwicklung neuer Ansätze zum nachhaltigen Planen und Bauen, https://doi.org/10.1007/978-3-658-51426-6_4

Aufbau des Tools maßgeblich geprägt. Alle Eingaben sind so strukturiert, dass Masse und Distanz robust und konsistent erfasst werden können (siehe Abschn. 4.3 Beispielrechnung und 4.4 Aufbau des Excel-Tools). Anschließend werden die Emissionen durch Multiplikation der tkm mit einem geeigneten Emissionskennwert (g CO_2-eq./tkm) bestimmt. Grundlage hierfür sind die Leitfäden zur DIN EN ISO 14083 [3] und zur DIN EN 16258 [21]. Die Arbeit von Mayer, A. [17] zeigt außerdem, dass der Ansatz zur Berechnung über die Masse auch in deren Arbeiten genutzt wurde.

Auswahl der Datenquellen
Für die Ermittlung der Emissionsfaktoren gibt es zwei Ansätze:

1. Detaillierte Eigenmodellierung einzelner Einflussgrößen (Verbrauch, Nutzlast, Heizwert – Kraftstoff, Fahrprofil, Rollwiderstand etc. gemäß eigener Datenerhebung oder TREMOD [16], HBEFA [15]).
2. Direkte Nutzung gewichteter Emissionskennwerte (TREMOD [16], HBEFA [15], ÖUBA [22] und UBA [24]), in denen diese Faktoren bereits integriert sind.

Da für die praktische Anwendung aus Bauherrensicht in der Regel keine Primärdaten wie reale Verbrauchswerte vorliegen, wurde Ansatz (2) gewählt. Als primäre Berechnungsgrundlage werden die aktuellen, öffentlich zugänglichen Werte des deutschen UBA [24] verwendet. Die Daten des ÖUBA [23] sowie die Publikation Carbon Footprint – Monitoring für den CO_2-Ausstoß (UBA 2012 [20]) dienen ergänzend dazu, die Unterschiede zwischen verschiedenen nationalen Quellen aufzuzeigen und die Entwicklung der Kennwerte von damaligen Werten zu heutigen zu veranschaulichen.

Flexibilität und Anpassbarkeit
Die Vorlage ist so konzipiert, dass sie auf beliebige Bauteile und Materialien angewendet werden kann. Für das Anwendungsbeispiel in Kap. 5 werden spezifische Standardwerte herangezogen (siehe Abschn. 4.2). Dies soll die Anwendbarkeit der Methodik demonstrieren.

Es ist jedoch essenziell, dass das Tool nicht auf diese spezifischen Daten beschränkt ist. Jeder zukünftige Nutzer ist ausdrücklich dazu angeregt, das Tool mit eigenen projektspezifischen Daten und Werten zu befüllen, um eine präzisere und auf den Einzelfall zugeschnittene Bilanzierung zu ermöglichen. Neben den hinterlegten Standardwerten können so eigene Primärdaten beispielsweise zu Sondertransporten, Leerfahrten, dem Beladungsgrad oder Umschlagprozessen eingetragen werden.

Mithilfe eines separaten Tabellenblatts können aus Verbrauchsdaten (l/km bzw. kWh/km) und einem Emissionsfaktor eigene „g CO_2-eq./tkm-Werte" berechnet werden. Damit ist das Tool sowohl für überschlägige Szenarien (Sekundärdaten) als auch für detaillierte Analysen (Primärdaten) nutzbar. Diese Rechenlogik findet sich ebenfalls in den Leitfäden zur DIN EN ISO 14083 [3] bzw. DIN EN 16258 [21].

Der in den Leitfäden zur Norm formulierte Fokus auf Primärdaten ist ausschlaggebend für die offene und anpassbare Gestaltung des Tools. Anstelle eines statischen Berechnungssystems wurde bewusst eine flexible Eingabestruktur geschaffen, die es jedem Nutzer ermöglicht, eigene, spezifische Daten zu hinterlegen.

Allokation von Verbundbauteilen

Im Zuge der Normenlektüre (DIN EN ISO 14083 Leitfaden [3]) sowie der Auswertung älterer Leitfäden zur DIN EN 16258 [21] und der Publikation „Carbon Footprint – Monitoring für den CO_2-Ausstoß" [19], wurde die Notwendigkeit einer Allokation deutlich: Transportemissionen müssen bei Verbundbauteilen anteilig den Materialfraktionen zugeordnet werden, wenn eine getrennte Betrachtung gewünscht ist. Verbundbauteile können entweder Stahlbetonfertigteile oder bspw. Holzkonstruktionen mit Verbindungsmitteln sein. Daher enthält das Tool ein eigenes Tabellenblatt „Allokation". In diesem wird die Gesamtmasse des Bauteils normlogisch angesetzt und die Emissionen werden anteilig (i. d. R. massenbasiert) auf die Materialkomponenten verteilt. Der Fokus dieser Arbeit liegt exemplarisch auf Stahlbeton, da der Massenanteil des Bewehrungsstahls im Gegensatz zu vielen anderen Verbindungsmitteln signifikant ist und die Transportbilanz relevant beeinflusst. Diese Funktion folgt der tkm-Logik (Masse $\times$ Distanz) und schließt methodisch an die in Abschn. 4.3 dargestellten Rechenschritte an.

Grundstruktur der Berechnung

Grundlage ist stets die Ermittlung der Masse, da die Berechnung normlogisch auf tkm basiert (vgl. [3, 21]). Die Masse kann auf drei Wegen erfasst werden:

1. Bauteilbezogene Eingabe: Länge, Breite, Höhe $\rightarrow$ Volumen $\rightarrow$ Multiplikation mit Materialdichte.
2. Direkte Volumenangabe: z. B. „500 m^3 Tragwerk" $\rightarrow$ Multiplikation mit Materialdichte
3. Direkte Gewichtseingabe: z. B. aus Leistungsverzeichnis (LV) oder Statik-Unterlagen.

Im nächsten Schritt erfolgt die Auswahl des Transportmittels, die Erfassung der Distanz (km) und die Ermittlung der tkm. Anschließend wird der spezifische Emissionsfaktor (g CO_2-eq./tkm) mit den tkm multipliziert. Leerfahrten/Sondertransporte können über anpassbare Korrekturfaktoren berücksichtigt werden. Die Ergebnisse können den Modulen A2/A4 zugewiesen werden.

Dieser Aufbau beruht auf den ersten Berechnungen, die im Rahmen der Arbeit durchgeführt wurden. Zum einen kann ein einzelnes Bauteil betrachtet werden, zum anderen können auch Transportemissionen für größere Massen transparent ermittelt werden. Abb. 4.1 stellt die drei möglichen Berechnungswege schematisch dar.

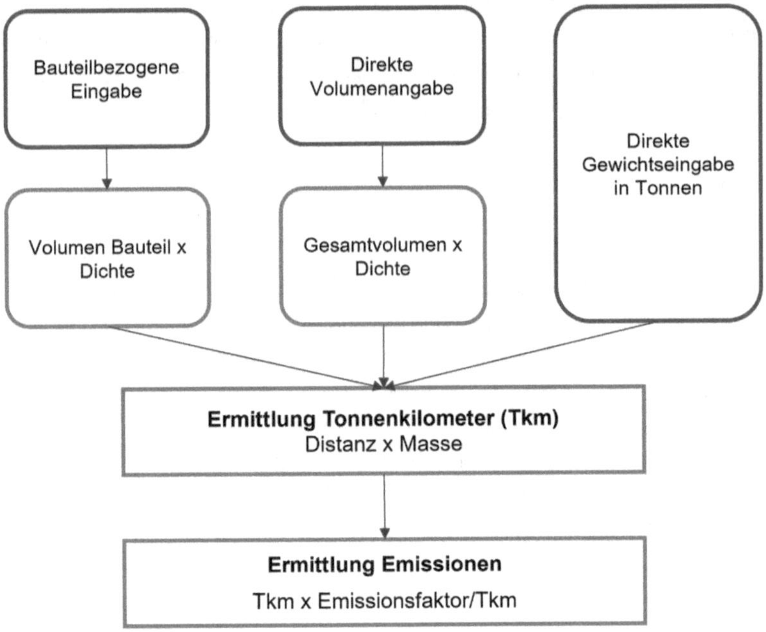

Abb. 4.1 Schematische Darstellung der Berechnungsmöglichkeiten zur Ermittlung von Transportemissionen. (Eigene Darstellung)

Ziel und Einsatzbereich

- Ergänzung bestehender Ökobilanzen um die Transportemissionen der Module A2 und A4.
- Flexible Anpassung an unterschiedliche Materialien, Bauweisen und Projektgrößen.
- Nutzung sowohl mit Durchschnittswerten (Sekundärdaten) als auch mit projektspezifischen Angaben (Primärdaten).
- Das Tool kann sowohl zur Kontrolle vorhandener EPD-Daten als auch zur Ergänzung fehlender Angaben genutzt werden (siehe Abb. 4.2). Die Berechnungslogik ist universell und kann neben Modul A2/A4 auch für den Transport im Rückbau (Modul C2) genutzt werden.

Berechnungslogik (kompakt):

- Eingabe der Masse (direkt oder über Dichte × Volumen), Auswahl des Transportmittels und der Distanz.
- Ermittlung der Transportemissionen durch Multiplikation von tkm mit dem Emissionskennwert (g CO_2-eq./tkm) gemäß ISO-Logik [3].

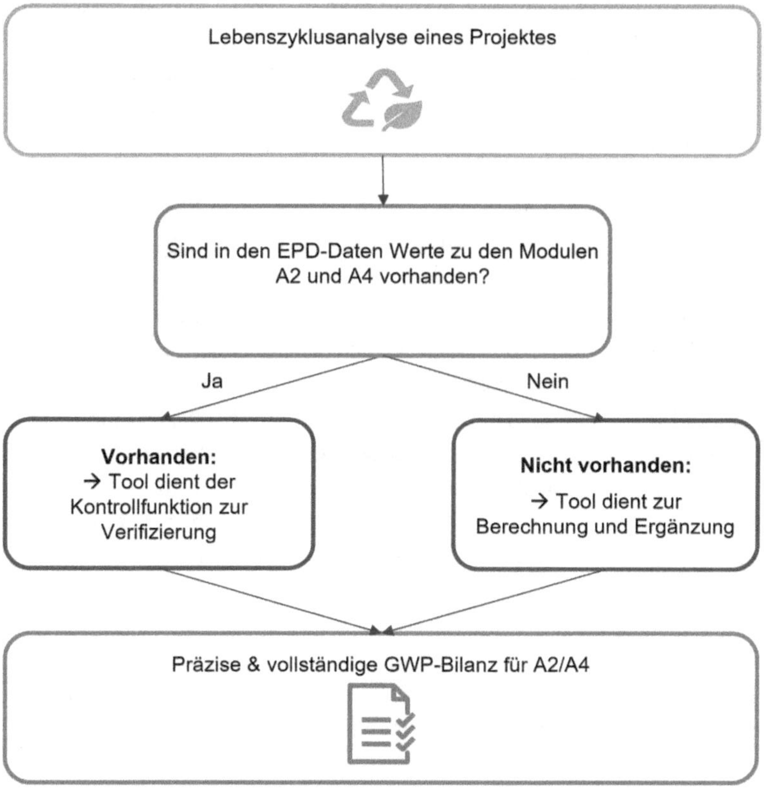

Abb. 4.2 Schematische Darstellung des Anwendungsbereichs des entwickelten Excel-Tools zur Integration von Transportemissionen (A2 und A4) in die Lebenszyklusanalyse. (Eigene Darstellung)

- Optional können Leerfahrten/Sondertransporte über einen Korrekturfaktor berücksichtigt werden.
- Zuweisung zu A2 bzw. A4.

Ausgabedaten

- CO_2-Emissionen pro Modul/Bauteil (kg CO_2-eq.).

Optionale Bewertung der Transportemissionen im Kontext des Gesamt-GWP
Die Literaturanalyse (Abschn. 3.3) hat gezeigt, dass es bislang keine etablierten Bewertungsmechanismen gibt, mit denen sich Transportemissionen in Ökobilanzen systematisch kategorisieren oder mit Schwellenwerten einordnen lassen. Häufig werden die Emissionen lediglich als „hoch" oder „niedrig" beschrieben, ohne eine klare Referenzgröße oder Bewertungsskala zu definieren.

Die optionale Bewertung der Transportemissionen basiert auf einer selbst entwickelten Ampellogik. Diese ermöglicht die Einordnung der Ergebnisse in Relation zum Gesamt-GWP eines Gebäudes. Eine explizite wissenschaftliche Herleitung fester Schwellenwerte ist in der Literatur bislang nicht zu finden. Dennoch liefern verschiedene Studien wertvolle Orientierungspunkte:

- Gensch, C. et al. [13] zeigen in ihrer Hallenstudie, dass Transportemissionen in der Regel einen sehr geringen Anteil an den Gesamtemissionen haben und häufig nur wenige Prozent ausmachen (<1 % in der Studie).
- Braune, A. [4, 5] weist dagegen auf Szenarien hin, in denen Transportemissionen in einem hohen einstelligen %-Bereich angesiedelt sein sollen und ihre Wirkung auf die Bilanz als „Mittel" eingestuft wird.
- Gu, H. et al. [14] ordnen die Transportemissionen von Brettsperrholz (CLT) in Abhängigkeit von der Distanz im Verhältnis zu den Modulen A1–A5 ein. Zwar bezieht sich seine Einordnung nicht auf den Gesamt-GWP, sondern nur auf das Verhältnis von A4 zu A1–A5. Dennoch zeigt die Studie, deutlich dass die Transportemissionen bei kurzen Distanzen im Bereich von wenigen Prozent liegen, bei langen Transportwegen jedoch deutlich ansteigen.

Auf Grundlage dieser Literatur wurde eine praxisnahe Bewertungsskala definiert, die eine Einordnung der Transportemissionen in Bezug auf den Gesamt-GWP erlaubt. Zur Berechnung des Anteils wird folgende Formel herangezogen:

$$Anteil\ A4 = \frac{GWP\ A4}{GWP - Gesamt} \times 100$$

Formel 4.1: Formel zur Ermittlung des Modul A4-Anteils am Gesamt-GWP.

Die Bewertungsskala wurde wie folgt festgelegt:

- **Grün:** Transportemissionen < 5 % des GWP-Gesamtwerts – unkritischer Bereich.
- **Gelb:** Transportemissionen 5–10 % – es sollte geprüft werden, ob Optimierungspotenzial besteht oder wie der Transport in der Gesamtbetrachtung zu bewerten ist.
- **Rot:** Transportemissionen > 10 % – kritisch, Optimierungsmaßnahmen empfohlen.

Mit dieser Bewertung soll vermieden werden, dass der Trugschluss entsteht, hohe Transportemissionen seien unproblematisch, solange der Gesamt-GWP des Gebäudes, im Vergleich zu anderen, niedrig ist. Da Transportemissionen in der Realität als sofortige, punktuelle Emissionen auftreten, sollten sie – insbesondere für Unternehmen mit klaren Nachhaltigkeitszielen – eigenständig bewertet und möglichst geringgehalten werden. Die oben aufgeführte Logik kann ebenso auf eine reine Betrachtung von A1–A5 herangezogen werden und ist somit im Tool ebenfalls flexibel anwendbar.

Diese Funktion ist optional und dient als Impuls für zukünftige Bewertungsansätze. Sie ist nicht durch bestehende Normen oder Studien vorgegeben, sondern stellt einen innovativen Vorschlag dar, der die Lücke in der wissenschaftlichen und praktischen Bewertung von Transportemissionen schließen soll.

Einbindung ergänzender Studien

Obwohl die in Abschn. 3.4 dargestellten Studien nicht unmittelbar in die Berechnungslogik einfließen, werden ihre Erkenntnisse bei der späteren Ergebnisinterpretation und kritischen Diskussion berücksichtigt. Insbesondere dienen sie dazu, die ermittelten Werte mit alternativen methodischen Ansätzen zu vergleichen, Abweichungen zu analysieren und die Resultate im aktuellen Forschungs- und Praxisumfeld einzuordnen.

Methodische Grenzen und Unsicherheiten

- Sonder- und Leertransporte stellen eine methodische Herausforderung dar. Die in dieser Arbeit primär verwendeten Emissionswerte des deutschen UBA enthalten bereits einen integrierten Anteil für Leerfahrten, dessen genaue Höhe jedoch nicht transparent ausgewiesen ist. Im Gegensatz dazu beinhalten andere Datenquellen wie das ÖUBA [23] keine solche pauschale Berücksichtigung. Um diese unterschiedlichen Datengrundlagen handhaben zu können, bietet das Tool optional die Möglichkeit, einen pauschalen Zuschlag von 40 % anzusetzen. Dieser Zuschlag soll ausschließlich dann verwendet werden, wenn Datenquellen genutzt werden, die nachweislich keine Leerfahrten integrieren. Für Sondertransporte sind weiterhin eigene Annahmen erforderlich, da hierfür selten standardisierte Werte vorliegen. Gängige Softwaretools nutzen hierzu ebenfalls eigene Korrekturfaktoren oder Primärdaten [7].
- Unterschiede zwischen historischen, nationalen und internationalen Kennwerten können die Ergebnisse merklich beeinflussen, weshalb die Quellenwahl kritisch ist.
- Das Tool ist darauf ausgelegt, mit Emissionskennwerten zu arbeiten, in denen komplexe Einflussgrößen wie Fahrprofil, Wetter oder Rollwiderstand bereits berücksichtigt sind (siehe ÖUBA [23, 24]). Dies Reduziert den Erfassungsaufwand und ermöglicht eine direkte Anwendung, kann jedoch in speziellen Fällen zu Abweichungen führen.

Das methodische Vorgehen zur Entwicklung und Anwendung des Berechnungstools ist in Abb. 4.3 schematisch dargestellt.

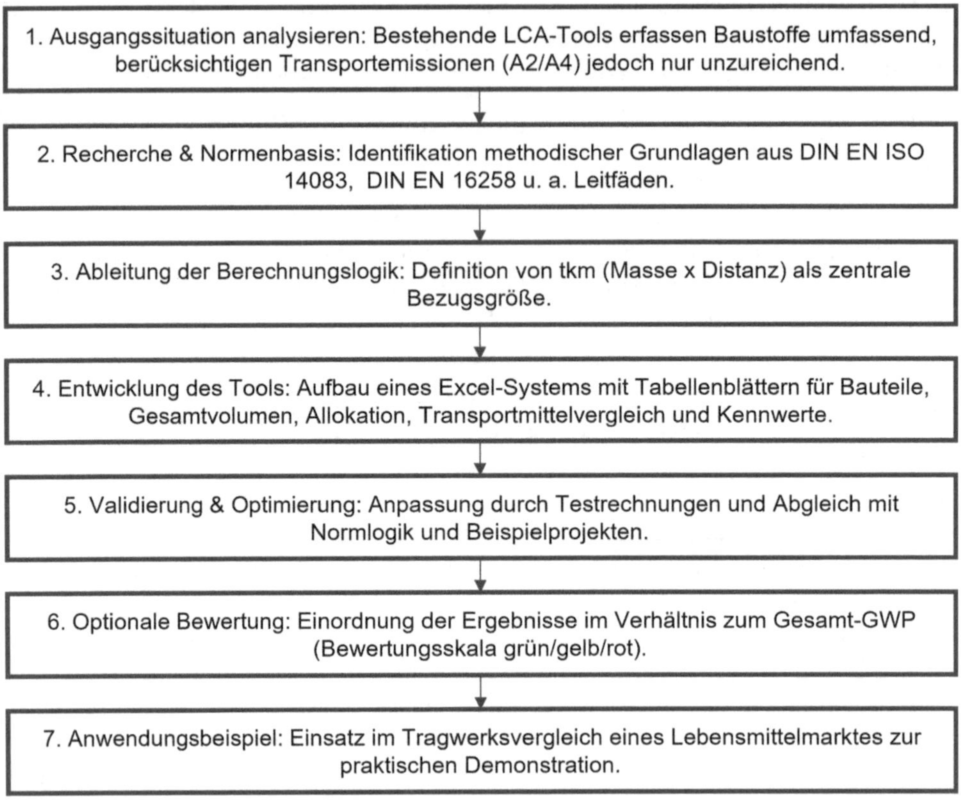

Abb. 4.3 Methodisches Vorgehen. (Eigene Darstellung)

4.2 Annahmen und Datengrundlagen

Die folgenden Annahmen und Datengrundlagen bilden die methodische Basis für die Berechnung der Transportemissionen. Im Unterschied zu Abschn. 2.4, in dem potenzielle Einflussfaktoren aufgezeigt wurden, werden hier ausschließlich die konkret berücksichtigten Parameter dargestellt und begründet.

Das Tool bildet keine vollständige Transportkette ab, sondern berechnet deren einzelne Bestandteile (z. B. Umschlagprozesse oder Sondertransporte) jeweils separat. Bei Bedarf kann durch Aneinanderreihung dieser Einzelschritte eine vollständige Transportkette in einer separaten Datei oder Tabellenblatt dargestellt werden.

Materialeigenschaften

Die Dichte der verwendeten Baustoffe wurde auf Grundlage normativer Literatur (Schneider Bautabellen [1]) festgelegt. Da im Variantenvergleich in Kap. 5 nur die Materialien Holz,

Tab. 4.1 Hinterlegte Standarddichten der verwendeten Materialien (Holz, Stahl, Beton). (Quelle der Daten: Schneider Bautabellen [1])

Material	Dichte
Holz	385 kg/m^3
Stahl	7850 kg/m^3
Beton	2400 kg/m^3

Beton und Stahl betrachtet werden, wurden hierfür Standardwerte hinterlegt. Für Holz wurde ein repräsentativer Wert für die gängigsten Festigkeitsklassen gewählt, während sich der Wert für Beton, an den in den verwendeten EPDs ausgewiesenen Spannen orientiert (vgl. [6] und EPDs im Anhang 3.4). Für Stahl wird der übliche Normwert angesetzt.

Tab. 4.1 fasst diese Standardwerte zusammen. Die Dichtewerte sind im Tool hinterlegt, können aber projektspezifisch überschrieben werden, was insbesondere bei Sonderbaustoffen oder abweichenden Qualitäten von Bedeutung ist.

Bei Mischbauteilen, bspw. Betonfertigteile mit Bewehrungsstahl, wird gemäß DIN EN ISO 14083 die Gesamtmasse angesetzt. Eine Auftrennung Einzelmaterialien erfolgt nicht, um den Transportbezug realistisch auf das Element als Ganzes zu beziehen. Diese Aufteilung wird im Tool über das spezialisierte Tabellenblatt „Allokation" vorgenommen oder kann alternativ über eigene Berechnungen erfolgen.

Transportentfernungen

Idealerweise werden die Transportentfernungen projektspezifisch ermittelt. Um jedoch in frühen Planungsphasen eine Abschätzung zu ermöglichen, wenn genaue Lieferanten noch nicht feststehen, können beispielhafte Herkunftsregionen als Orientierung dienen. Die in Tab. 4.2 dargestellten Regionen und Distanzen sind daher als veranschaulichende Szenarien zu verstehen. Sie basieren auf einer an die deutsche Importsituation angepassten Systematik (in Anlehnung an Gu, H. et al. [14] und Importstatistiken [24].

Die Regionen sind im Tool als Richtwerte hinterlegt und ermöglichen bereits in frühen Projektphasen eine Abschätzung unterschiedlicher Beschaffungswege. Für konkrete Projekte wird jedoch empfohlen, die tatsächlichen Entfernungen einzutragen. Für alternative

Tab. 4.2 Definition der Transportregionen mit beispielhaften Ländern und angenommenen Distanzen. (Quelle: Eigene Darstellung in Anlehnung an Importstatistiken [25])

Herkunftsregion	Beispielhafte Länder	Angenommene Transportdistanzen
Regional	z. B. Bezugsquelle im Inland	50–200 km
Südost-/ Osteuropa	Polen, Tschechien, Österreich	300–800 km
Nordeuropa	Dänemark	600–1000 km
Asien	China	8000–10.000 km (Lkw + Schiff)

Berechnungen oder zum Abgleich können später Programme wie CarbonCare [7] verwendet werden.

Die in Abschn. 2.4 dargestellten Einflussfaktoren (vgl. Abb. 2.5) sind in dem Tool berücksichtigt. Parameter wie Transportmittel, Gewicht oder Volumen können direkt ausgewählt werden. Aspekte wie Rollwiderstand, Fahrzeugtyp oder Betriebsbedingungen sind in den verwendeten Emissionskennwerten bereits enthalten.

Zusätzliche Annahme für Beton: Für den in Kap. 5 durchgeführten Variantenvergleich wurde bei Beton eine Transportdistanz von 50 km angenommen. Diese Festlegung dient ausschließlich als Referenzwert für die Literaturauswertung, bei welcher Distanzen zwischen 10 bis 40 km angenommen werden, (vgl. Mayer, A. [17], Straczek-Helios [22] und Anhang 3.4 [6]) und für den Vergleich der Materialarten. Im Excel-Tool selbst ist die Transportdistanz hingegen kein fixer Parameter, sondern ein frei wählbares Eingabefeld. Dadurch können projektspezifische Lieferwege berücksichtigt und auch alternative Szenarien (z. B. längere Transportwege bei Betonfertigteilen) flexibel abgebildet werden. Die 50 km sind somit ein angenommener Orientierungswert, ersetzen jedoch nicht die individuelle Dateneingabe im Tool.

Emissionsfaktoren

Für die Verkehrsträger Lkw, Bahn und Schiff werden die öffentlich zugänglichen und kostenfrei verfügbaren Emissionskennwerte des deutschen Umweltbundesamtes (UBA) herangezogen [24]. Der Emissionswert für einen 40-t-Sattelzug beträgt demnach 101 g CO_2-eq./tkm. Beim Schienengüterverkehr sind die Werte für Diesel- (18 g CO_2-eq./tkm) und Elektroantrieb (14 g CO_2-eq./tkm) getrennt ausgewiesen. Für den Binnenschiffverkehr wird ein Wert von 34 g CO_2-eq./tkm angesetzt [24]. Typische Faktoren wie durchschnittlicher Dieselverbrauch usw. sind in den Kennwerten bereits enthalten. Das ÖUBA geht bspw. von einem Verbrauch von 33 l pro 100 km aus [23]. Die hinterlegten Faktoren können bei Bedarf vom Anwender gepflegt, aktualisiert oder um zusätzliche Kraftstoffarten erweitert werden, um technologische Entwicklungen oder individuelle Szenarien abzubilden. Die Berechnung ist dabei an den Rechenbeispielen der Leitfäden zur DIN EN 16258 und DIN EN ISO 14083 angelehnt [3, 21]. Tab. 4.3 listet die hinterlegten Emissionskennwerte auf. Es ist zu Betonen das dies durchschnittliche Werte sind. Spezifische Daten sind öffentlich nicht frei zugänglich.

Flexibilität der Vorlage

Die Entscheidungsvorlage ermöglicht eine flexible Anpassung an die jeweiligen Produktanforderungen. Bei entsprechender Datenlage können sowohl Emissionsfaktoren als auch Transportdistanzen verändert werden. Dadurch lassen sich sowohl generische Annahmen als auch konkrete Lieferketten und Verkehrsmittelkombinationen abbilden.

Auch unternehmensspezifische Angaben oder alternative Datenquellen können eingebunden werden. Zudem besteht die Möglichkeit, weitere Verkehrsträger wie Containerschiffe, Frachtflugzeuge oder kombinierte Transporte hinzuzufügen. Die Vorlage ermöglicht somit

Tab. 4.3 Hinterlegte Emissionskennwerte für verschiedene Verkehrsmittel. (Quelle: Eigene Darstellung in Anlehnung an UBA-Emissionsdatenblatt [24])

Verkehrsmittel	Durchschnittliche Emissionen in [g CO_2-eq./tkm]
Lkw	
Lkw 3,5–7,5 t	561
Lkw 7,5–12 t	392
Lkw > 12 t	249
Lkw (Sattelzüge) (40 t)	101
Schienenverkehr	
Dieseltraktion	28
Elektrotraktion	14
Schiff	
Binnenschiff	34

eine fundierte und gleichzeitig praxisnahe Bilanzierung, sowohl in frühen Planungsphasen als auch bei der konkreten Projektumsetzung.

Anpassung der Distanzen und logistischer Prozesse

Transportdistanzen basieren oft auf idealisierten Routen, beispielsweise Luftlinien oder den kürzesten Straßenverbindungen. Um auch Umwege, Baustellen und verkehrsbedingte Abweichungen zu berücksichtigen, sieht die DIN EN ISO 14083 daher pauschale Korrekturfaktoren vor. Für den Straßengüterverkehr wird ein Wert von 1,05 für den Seeverkehr ein Wert von 1,15 empfohlen. Weitere Anpassungsfaktoren sind im Anhang des Leitfadens zur DIN EN ISO 14083 hinterlegt. Diese Faktoren werden auf die ursprünglich ermittelte Strecke angewendet und dienen dazu, systematische Unterschätzungen der Emissionen zu vermeiden [3].

Zu beachten ist, dass Umschlagprozesse zusätzlich zu den eigentlichen Transportvorgängen relevante Emissionsbeiträge verursachen können, etwa durch den Einsatz von Gabelstaplern, Portalkränen oder automatisierten Fördersystemen. Die Höhe der Emissionen hängt dabei vom eingesetzten Gerät, dem Antrieb und der Einsatzdauer ab. In der vorliegenden Methodik werden Umschlagprozesse nicht standardmäßig berücksichtigt, sie können jedoch optional ergänzt werden, sofern projektspezifisch relevante Umschlagsvorgänge vorliegen. In solchen Fällen kann beispielhaft ein pauschaler Richtwert (z. B. 20 g CO_2-eq. pro Tonne) herangezogen werden, der typische Szenarien mit elektrisch oder gasbetriebenen Flurförderfahrzeugen abbildet. Berechnungsbeispiele hierzu finden sich ebenso im Leitfaden zur DIN EN ISO [3].

Sondertransporte können aufgrund der Abmessungen oder des Gewichts einzelner Bauteile erforderlich sein. In der Entscheidungsvorlage werden diese methodisch über angepasste Emissionsfaktoren abgebildet. Dabei werden der erhöhte Energieverbrauch sowie zusätzliche Emissionen, beispielsweise durch Begleitfahrzeuge, berücksichtigt. Die Anpassung erfolgt durch die Auswahl eines entsprechenden Transporttyps oder durch die Hinterlegung spezifischer Werte in den Emissionsfaktorentabellen.

Berücksichtigung von Leerfahrten und Sondertransporten

In der Transportlogistik kommt es bei der Lieferung von Baumaterialien, insbesondere von Fertigteilen, regelmäßig zu Leerfahrten. Diese entstehen, wenn Fahrzeuge nach der Anlieferung ohne Nutzlast zum Ausgangspunkt zurückkehren. Gemäß DIN EN ISO 14083 sind Leerfahrten als Teil des TCE zu erfassen. Sie verursachen eigene Emissionsbeiträge, auch wenn keine transportierte Masse (abseits des Eigengewichtes) vorliegt [3, 21].

Die in dieser Arbeit verwendeten Emissionskennwerte des UBA sind aggregierte Durchschnittswerte, die aus dem TREMOD-Datenmodell abgeleitet wurden. Sie bilden repräsentative Transportvorgänge in Deutschland ab und beinhalten bereits einen statistisch gewichteten Anteil an Leerfahrten.

Dieser Ansatz unterscheidet sich von früheren Vorgehensweisen, bei denen Leerfahrten oft separat hinzugefügt werden mussten. So Schlug bspw. der Leitfaden zur Vorgängernorm DIN EN 16258 pauschale Faktoren vor (z. B. 60 % für Massengüter) [21], die bei der Nutzung von Emissionskennwerten ohne integrierten Leerfahrtenanteil anzuwenden waren [21]. Ein solcher zusätzlicher pauschaler Aufschlag ist bei der Verwendung der UBA-Daten nicht notwendig, da dies zu einer methodisch fehlerhaften Doppelzählung führen würde. Die Verwendung der UBA-Werte vereinfacht somit die Berechnung und erhöht Genauigkeit, da sie auf einer umfassenden nationalen Datenbasis beruht.

Sondertransporte, die aufgrund von Übermaßen oder hohen Gewichten anfallen, werden methodisch durch die Emissionen eventuell notwendiger Begleitfahrzeuge berücksichtigt. Diese können separat berechnet und addiert werden. Für den Lkw selbst wird der Standard-Emissionsfaktor des UBA für schwere Sattelzüge (40 t) als konservative Annahme beibehalten, da spezifische, öffentlich verfügbare Kennwerte für Sondertransporte fehlen.

4.3 Beispielrechnung zur Methodik

Basierend auf den in Abschn. 4.2 beschriebenen Annahmen zu Materialeigenschaften, Transportentfernungen, Emissionsfaktoren und Korrekturfaktoren wird im Folgenden die Berechnung im Excel-Tool veranschaulicht. Dieses Kapitel dient ausschließlich der Erläuterung der grundlegenden Berechnungslogik. Der konkrete Aufbau des Tools und die detaillierte Verknüpfung mit zusätzlichen Parametern, wie Leerfahrten, Sondertransporte oder Umschlagprozesse, werden in Abschn. 4.4 dargestellt.

Die Methodik orientiert sich jeweils an den Leitfäden zur DIN EN ISO 14083 [3] und DIN EN 16258 [21] und verfolgt das Ziel, eine transparente, normenbasierte und zugleich

Parameter	Diesel	HVO100 Biokraftstoff	E-Lkw	Erläuterung
Verbrauch	0,40 l/km	0,40 l/km	1,20 kWh/km	Vom Nutzer auszufüllen
Nutzlast	20,00 t	20,00 t	20,00 t	Vom Nutzer auszufüllen
Dichte	0,83 kg/l	0,78 kg/l	-	Vom Nutzer auszufüllen
Heizwert	42,65 MJ/kg	44,00 MJ/kg	-	Vom Nutzer auszufüllen
EF Kraftstoff	0,07 kg CO2-eq/MJ	0,02 kg CO2-eq/MJ	0,35 kg/kWh	Vom Nutzer auszufüllen
Energiegehalt	35,48 MJ/L	34,32 MJ/L	-	= Dichte x Heizwert
Emissionsfaktor pro Einheit	2,63 kg CO2-eq/L	0,69 kg CO2-eq/L	0,35 kg/kWh	= EF Kraftstoff x Energiegehalt
Emissionen pro km	1,05 kg CO2-eq/km	0,27 kg CO2-eq/km	0,420 kg/km	= Verbrauch x EF pro Einheit
Emissionen kg pro tkm	**0,05 kg CO2-eq/tkm**	**0,01 kg CO2-eq/tkm**	**0,021 kg/tkm**	= Emission pro km / Nutzlast
Emissionen g pro tkm	**52,52 g CO2-eq/tkm**	**13,73 g CO2-eq/tkm**	**21,00 g/tkm**	= Emissionen pro tkm x 1000

Abb. 4.4 Eingabeparameter und Berechnungsschritte zur Ermittlung von Emissionsfaktoren. (Eigene Darstellung. Werte stammen aus Quellen [2, 19])

praxisnahe Ergänzung zu bestehenden Ökobilanzen bereitzustellen. Auf diese Weise lassen sich Transportemissionen in frühen Planungsphasen oder bei Variantenvergleichen schnell, reproduzierbar und nachvollziehbar berechnen.

Das Tool ermöglicht dabei zwei Herangehensweisen:

1. Berechnung über Verbrauchsdaten: Es werden Kraftstoff oder Stromverbrauch (l/km bzw. kWh/km), Dichte und Heizwert eingegeben. Auf dieser Basis wird der Emissionsfaktor in g CO_2-eq./tkm ermittelt.
2. Berechnung mit Standardwerten: Nutzung der hinterlegten Emissionsfaktoren in g CO_2-eq./tkm, die auf normativen und wissenschaftlichen Quellen basieren.

Abb. 4.4 zeigt exemplarisch die Eingabeparameter und Berechnungsschritte zur Ermittlung des Emissionsfaktors für Diesel B7 [2, 19], Biodiesel [2] und einen batterieelektrischen Lkw (eigene Annahme, [2, 3]).

Die Emissionsberechnung erfolgt in zwei Schritten:

1. Ermittlung der Transportleistung in Tonnenkilometern (tkm):

$$Tonnenkilometer(Tkm) = Transportstrecke(km) * Gewicht\ der\ Ladung(t)$$

Formel 4.2: Formel zur Ermittlung der Tonnenkilometer.

2. Berechnung der Emissionen:

$$Transportemissionen(kgCO_2 - eq.) = Tonnenkilometer(Tkm) * Emissionswert\ Transportmittel\left(\frac{kgCO_2 - eq.}{tkm}\right)$$

Formel 4.3: Formel zur Ermittlung der Transportemissionen.

Tab. 4.4 Beispielhafte Berechnung von Transportemissionen ohne Umschlagprozess. (Eigene Darstellung)

TCE	Zu ermittelnder Wert	Rechnung	Ergebnis
1	Tkm	$20\,t * 150\,km$	3000 tkm
	Transport-Emissionen	$3000\,tkm * 0{,}101\ \frac{kgCO_2-eq.}{tkm}$	**303 kg CO_2-eq.**

Um die Anwendung der Methodik zu verdeutlichen, werden im Folgenden drei typische Szenarien durchgerechnet: ein einfacher Transportvorgang ohne Zwischenstopp, eine Kette mit Umschlagprozess sowie die Allokation bei einem Verbundbauteil.

Beispiel ohne Umschlagprozess
Im ersten Beispiel wird eine Ladung von 20 t Rohholz mit einem Lkw über eine Strecke von 150 km transportiert (siehe Tab. 4.4). Der Emissionsfaktor des Lkws (Sattelzug – 40 t) beträgt 101 g CO_2-eq./tkm.

Beispiel mit Umschlagprozess
Im zweiten Beispiel wird derselbe Transport durch einen Umschlagprozess unterbrochen (siehe Tab. 4.5). Es ergeben sich drei TCEs: Transport – Umschlag – Transport.

Beispielrechnung Allokation
Das dritte Beispiel umfasst eine Allokation, bei welcher die Anteile der Gesamtemission auf das jeweilige Material verteilt werden (siehe Tab. 4.6). Bei dem Beispiel handelt es sich um ein Betonfertigteil mit dem Gewicht von 20 t. Es ist die Annahme getroffen, dass 830 kg Bewehrungsstahl verplant sind und eine Transportdistanz von 150 km vorliegt.

Die Ermittlung der Transportemissionen erfolgt wie in den Schritten oben, die jeweiligen Tkm-Werte werden mit dem Emissionskennwert multipliziert. Somit kann sowohl für den Betonanteil als auch den Stahlanteil der Transportemissionsbetrag ermittelt werden.

Tab. 4.5 Beispielhafte Berechnung von Transportemissionen mit Umschlagprozess. (Eigene Darstellung)

TCE	Zu ermittelnder Wert	Rechnung	Ergebnis
1	Tkm	$20\,t * 75\,km$	1500 tkm
	Transport-Emissionen	$1500\,tkm * 0{,}101\ \frac{kgCO_2-eq.}{tkm}$	**151,5 kg CO_2-eq.**
2	Transport-Emissionen	$20\,t * 0{,}020\ \frac{kgCO_2-eq.}{t}$	**0,4 kg CO_2-eq.**
3	Tkm	$20\,t * 75\,km$	1500 tkm
	Transport-Emissionen	$1500\,tkm * 0{,}101\ \frac{kgCO_2-eq.}{tkm}$	**151,5 kg CO_2-eq.**
Gesamtemissionen			**303,4 kg CO_2-eq.**

Tab. 4.6 Beispielhafte Allokation von Transportemissionen auf Beton und Bewehrungsstahl. (Eigene Darstellung)

Baustoff	Tkm	Summe tkm	Prozentualer Anteil
Beton	$19{,}17\,t * 150\,km = 2875{,}5\,tkm$	$= 3000\,tkm$	$= \frac{2875{,}5\,tkm}{3000\,tkm} = 96\,\%$
Stahl	$0{,}83\,t * 150\,k = 124{,}5\,tkm$		$= \frac{124{,}5\,tkm}{3000\,tkm} = 4\,\%$

Einordnung der Beispiele

Die dargestellten Beispiele verdeutlichen, dass Umschlagprozesse im Verhältnis zu Transportabschnitten meist nur einen geringen Beitrag zu den Gesamtemissionen leisten. In komplexen Transportketten mit mehreren Umschlägen oder energieintensiven Verfahren können sie jedoch an Relevanz gewinnen. Die Rechnungen sind bewusst einfach gehalten und dienen ausschließlich der Veranschaulichung der Rechenlogik. Erst im Zusammenspiel mit den in Abschn. 4.4 erläuterten Tabellenblättern, seinen Parametern und der Anwendung in Kap. 5 entfaltet das Tool seinen vollen Nutzen. Dort werden die Verknüpfungen mit zusätzlichen Faktoren wie Leerfahrten, Sondertransporten oder erweiterten Transportketten beschrieben. Das hier vorgestellte Vorgehen stellt somit eine ergänzende Arbeitshilfe dar, mit der sich Transportemissionen schnell und transparent bilanzieren lassen – als Ergänzung zu bestehenden Ökobilanzen und als Grundlage für Variantenvergleiche im Bauwesen.

Die in diesem Kapitel dargestellten Beispiele dienen somit in erster Linie der Veranschaulichung der Berechnungslogik. Sie zeigen, dass bereits mit wenigen Grundparametern – Transportmasse, Distanz und Emissionsfaktor – nachvollziehbare Ergebnisse erzielt werden können. Gleichzeitig wird deutlich, dass der eigentliche Mehrwert in einer systematischen und erweiterten Anwendung liegt.

Im folgenden Kapitel wird daher der Aufbau der Excel-Vorlage detailliert beschrieben. Dort werden die einzelnen Tabellenblätter, deren Funktionsweise sowie die Einbindung zusätzliche Parameter wie Leerfahrten, Sondertransporte und komplexere Transportketten erläutert. So wird die hier vorgestellte Berechnungslogik in ein praxisnahes Werkzeug überführt, das eine transparente und vergleichbare Bewertung unterschiedlicher Transportvarianten ermöglicht.

4.4 Excel-Tool zur Berechnung von Transportemissionen

Die Entwickelte Excel-Vorlage ist modular aufgebaut, um eine flexible und anwendungsbezogene Berechnung zu ermöglichen. Dieser Aufbau resultiert aus der Verknüpfung normativer Anforderungen (DIN EN ISO 14083 [3], DIN EN 16258 [21]) mit praktischen Überlegungen zur Anwendbarkeit. Das Ziel besteht darin, eine Arbeitshilfe zu schaffen, die schnelle, transparente und normenbasierte Berechnungen ermöglicht und bestehende Ökobilanzen um die bislang oft fehlenden Module A2 und A4 (vgl. Abschn. 3.3, Tab. 3.1) ergänzt.

Für den Vergleich einzelner Bauteile in frühen Planungsphasen wurde ein entsprechendes Tabellenblatt konzipiert. Es ermöglicht eine unmittelbare Gegenüberstellung zweier Materialien anhand von Geometrie, Dichte und Transportweg. Da die Transportmasse der entscheidende Einflussfaktor ist, wurde die Methodik um ein Tabellenblatt für Gesamtvolumina bzw. -massen erweitert. Dieses erlaubt eine zusammenfassende und effiziente Betrachtung kompletter Materialchargen (z. B. alle Fertigteile einer Lieferung).

Darüber hinaus wurde ein Tabellenblatt zur Allokation entwickelt, um die Transportemissionen bei Verbundbauteilen, bspw. Betonfertigteilen mit Bewehrungsstahl, anteilig zuzuordnen. Ein weiteres Blatt dient dem Vergleich verschiedener Transportmittel für eine identische Fracht, sodass der Einfluss unterschiedlicher Logistikvarianten sichtbar wird. Eine zentrale Datengrundlage mit Standard- und Richtwerten (vgl. Abschn. 4.2) unterstützt diese Berechnungen.

Insgesamt wurde die Struktur so gewählt, dass unterschiedliche Anwendungsfälle, vom Vergleich einzelner Bauteile bis zur Bewertung kompletter Tragwerke, praxisnah und effizient abgebildet werden können. Die Einteilung der einzelnen Tabellenblätter ist in Abb. 4.5 dargestellt. Im Folgenden werden sie beschrieben.

Aufbau der Excel-Vorlage

Die Excel-Datei besteht aus sechs Tabellenblättern

1. Bauteilbasis – Vergleich einzelner Bauteile (z. B. Holzstütze vs. Betonstütze).
2. Gesamtvolumen – Berechnung auf Basis kompletter Materialmengen bzw. Kubaturen.
3. Allokation von Fertigteilen – Aufteilung von Emissionen auf Materialanteile in Mischbauteilen.
4. Vergleich Transportmittel – Gegenüberstellung verschiedener Transportmittel unabhängig von Bauteilen.
5. Ermittlung Emissionskennwerte – Berechnung oder direkte Nutzung von Emissionsfaktoren.
6. Datenspeicher – Hinterlegung von Emissionsfaktoren, Dichten und Annahmen.

Tabellenblatt „Bauteilbasis"

Mithilfe dieses Tabellenblattes können Transportemissionen auf Ebene einzelner Bauteile ermittelt werden. Es eignet sich insbesondere für Materialentscheidungen in frühen Planungsphasen.

- Eingaben: Modul (A2/A4), Transportdistanz, geometrische Abmessungen (oder Volumen), Materialdichte, Transportmittel.
- Automatische Funktionen: Volumenberechnung aus Abmessungen, Sondertransportprüfung, Distanzkorrektur gemäß DIN EN ISO 14083 [12].

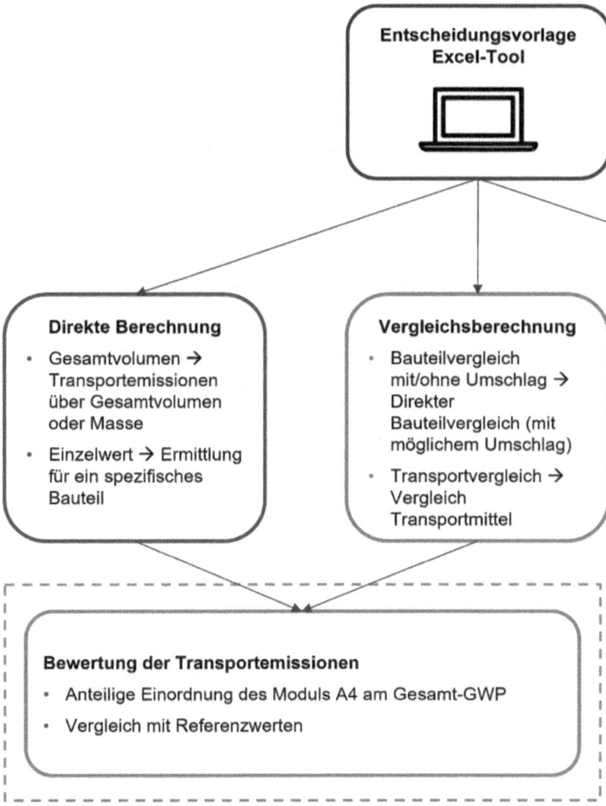

Abb. 4.5 Aufbau und Funktionsbereiche der Entscheidungsvorlage (Excel-Tool) zur Berechnung von Transportemissionen. (Eigene Darstellung)

- Ausgaben: Emissionen in kg CO_2-eq. pro Bauteil, Gegenüberstellung zweier Materialien inkl. Emissionsdifferenz, Bei Sondertransporten werden die Emissionen eines Begleitfahrzeugs automatisch ergänzt.

Tabellenblatt „Gesamtvolumen"

Mithilfe dieses Tabellenblatts können Emissionen auf Basis kompletter Materialkubaturen berechnet werden, bspw. für Tragwerke oder standardisierte Module.

- Eingaben: Modul (A2/A4), Transportdistanz, Gesamtvolumen der Charge oder direkt das Gesamtgewicht (in t), Materialdichte, Transportmittel.
- Automatische Funktionen: Masseberechnung aus Gesamtvolumen und Dichte, Sondertransportprüfung, Distanzkorrektur gemäß DIN EN ISO 14083 [12].

- Ausgaben: Emissionen in kg CO_2-eq. pro Gesamtmenge. Bei Sondertransporten werden die Emissionen eines Begleitfahrzeugs automatisch ergänzt.

Tabellenblatt „Allokation von Fertigteilen"
Dieses Tabellenblatt berechnet den jeweiligen Anteil einzelner Materialien an den Transportemissionen in Verbundbauteilen.

- Eingaben: Volumen, Bewehrungsanteil, Transportmittel, Transportdistanz.
- Besonderheit: Eignet sich insbesondere für Fertigteile, bei denen Beton und Stahl in einer Lieferung transportiert werden.
- Ausgaben: Aufteilung der Emissionen auf die beteiligten Materialien, um Verzerrungen in der Bewertung zu vermeiden.

Die Entscheidungsvorlage kommt im Anwendungsbeispiel (Kap. 5) beim Tragwerksvergleich eines Lebensmittelmarktes zum Einsatz. Dabei werden die vorgestellten Tabellenblätter genutzt, um die Transportemissionen der betrachteten Bauteile systematisch zu berechnen und zu vergleichen.

Tabellenblatt „Ermittlung Emissionskennwerte"
Mit diesem Tabellenblatt können Emissionsfaktoren entweder auf Basis von Verbrauchsdaten (l/km oder kWh/km, Dichte, Heizwert, Emissionsfaktoren je Energieeinheit) oder durch die direkte Nutzung hinterlegter Standardwerte in Gramm CO_2-Äquivalent pro Tkm berechnet werden.

- Eingaben: Verbrauchsdaten, Nutzlast, ggf. Antriebsart (Diesel, Biodiesel, E-Lkw). Besonderheit: Direkter Vergleich verschiedener Antriebe möglich, Werte basieren auf TREMOD Aktualisierung 2024 [19], DIN EN ISO 14083 [3] und Texten des UBA [2, 19, 20].
- Ausgaben: Emissionsfaktor in g CO_2-eq./tkm, prozentuale Einsparung im Vergleich zum Basisszenario Diesel.

Tabellenblatt „Vergleich Transportmittel"
Dieses Tabellenblatt dient dem direkten Vergleich verschiedener Transportmittel bei Betracht eines Bauteils.

- Eingaben: Transportmittel, Distanz, Gewicht der Ladung
- Besonderheit: Isolierte Bewertung des Transportmoduls ermöglicht zu Prüfen mit welchem Transportmittel der Transport am wenigsten Emissionen verursacht.
- Ausgaben: Emissionswerte in g CO_2-eq./tkm je nach Transportmittel.

Tabellenblatt „Daten & Richtwerte"

Dieses Tabellenblatt dient als zentrale Datenquelle für hinterlegte Standardwerte, bspw. Materialdichten, Transportdistanzen oder Emissionsfaktoren. Besonderheit: Der Anwender kann die Werte bei Bedarf pflegen, aktualisieren oder um zusätzliche Kraftstoffe, Materialien oder Entfernungen ergänzen.

Im folgenden Kap. 5 wird die Entscheidungsvorlage im Rahmen eines Anwendungsbeispiels eingesetzt. Anhand des Tragwerks eines Lebensmittelmarktes, wird mittels eines Vergleichs aufgezeigt, wie die in Kap. 4 beschriebenen Tabellenblätter angewendet werden können, um die spezifischen Transportemissionen zu ermitteln. Zur besseren Nachvollziehbarkeit sind die in Abschn. 4.4 beschriebenen Tabellenblätter auszugsweise im Anhang 2.1 bis 2.4 dargestellt. Die gezeigten Ausschnitte veranschaulichen die Struktur und Funktion der jeweiligen Blätter, ohne sämtliche hinterlegte Formeln offenzulegen. Der Gesamtaufbau des mit den beschriebenen Funktionalitäten ist abschließend in Abb. 4.6 dargestellt.

Nachdem die methodischen Grundlagen und der Aufbau des Berechnungstools in diesem Kapitel dargelegt wurden, wird dessen Praxistauglichkeit im folgenden Kapitel anhand eines konkreten Anwendungsbeispiels validiert.

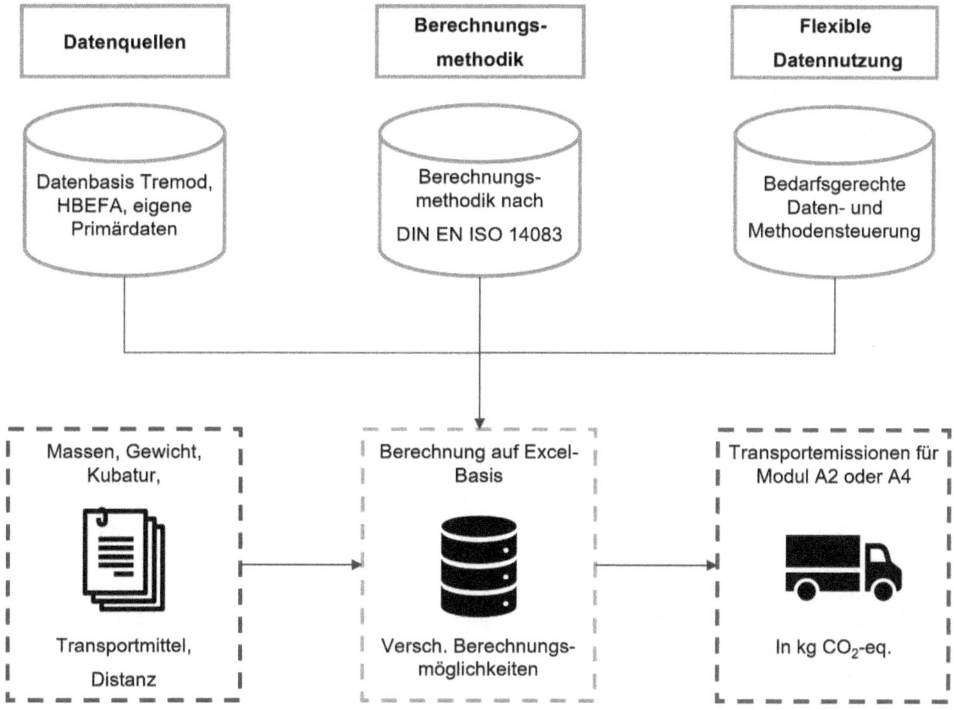

Abb. 4.6 Gesamtaufbau des mit Datenquellen, Berechnungsmethodik und Ergebnisausgabe. (Eigene Darstellung)

Literatur

1. Albert, A. et al. Bautabellen für Ingenieure (25. Aufl.), Köln: Reguvis Fachmedien GmbH, 2022.
2. Allekotte, M. et al. Aktualisierung TREMOD/TREMOD-MM und Ermittlung der Emissionsdaten des Verkehrs nach KSG im Jahr 2023, Umweltbundesamt, 2024.
3. Biemann, K. et al. Treibhausgasemissionen im Transportsektor – Leitfaden zur ISO 14083, Umweltbundesamt, 2024.
4. Braune, A. Benchmarks für die Treibhausgasemissionen der Gebäudekonstruktion – Ergebnisse einer Studie mit 50 Gebäuden, Deutsche Gesellschafft für nachhaltiges Bauen e. V., 2021.
5. Braune, A. et al. Benchmarks für die Treibhausgasemissionen der Gebäudekonstruktion – Ergebnisse einer Studie mit 50 Gebäuden, Deutsche Gesellschafft für nachhaltiges Bauen e. V., 2021.
6. Bundesministerium für Wohnen, Stadtentwicklung und Bauwesen Ökobaudat – Informationsportal Nachhaltiges Bauen. Online-Datenbank. Verfügbar unter: https://www.oekobaudat.de/, 08.08.2025.
7. CarbonCare https://www.carboncare.org/, 05.08.2025.
8. Deutsches Institut für Normung e. V. DIN EN 15804:2022-03, Nachhaltigkeit von Bauwerken – Umweltproduktdeklarationen – Grundregeln für die Produktkategorie Bauprodukte, Beuth Verlag, Berlin.
9. Deutsches Institut für Normung e. V. DIN EN 15978:2024-05, Nachhaltigkeit von Bauwerken – Bewertung der Umweltleistung von Gebäuden – Methodik, Beuth Verlag, Berlin.
10. Deutsches Institut für Normung e. V. DIN EN ISO 14040:2021-02, Umweltmanagement – Ökobilanz – Grundsätze und Rahmenbedingungen, Beuth Verlag, Berlin.
11. Deutsches Institut für Normung e. V. DIN EN ISO 14044;2021-02, Umweltmanagement – Ökobilanz – Anforderungen und Anleitungen, Beuth Verlag, Berlin.
12. Deutsches Institut für Normung e. V. DIN EN ISO 14083:2024-06, Treibhausgase – Quantifizierung und Berichterstattung über Treibhausgasemissionen von Transportvorgängen, Beuth Verlag, Berlin.
13. Gensch, C. Vergleichende Ökobilanz von Varianten einer Hallenkonstruktion. Öko-Institut e. V., Freiburg im Breisgau, 2024.
14. Gu, H. et al. Comparative life-cycle assessment of a mass timber building and concrete alternative. Wood and Fiber Science, Band 52, Heft 2, 2020.
15. Handbuch für Emissionsfaktoren des Strassenverkehrs https://www.hbefa.net/de/startseite, 10.07.2025.
16. Institut für Energie- und Umweltforschung https://www.ifeu.de/methoden-tools/modelle/tremod, 10.07.2025.
17. Mayer, A. Modularer Wohnungsbau im Vergleich zum konventionellen Wohnbau: Eine ganzheitliche Nachhaltigkeitsanalyse, Masterarbeit, Technische Universität Wien, Wien, 2023. Bibliothekskatalog: AC16971033.
18. Mirzaie, S. et al. End-of-life modelling of buildings to support more informed decisions towards achieving circular economy targets, The International Journal of Life Cycle Assessment, Band 25, Seiten 2122–2139, 2020.
19. Mottschall, M. et al. Treibhausgas-Emissionen durch Infrastruktur und Fahrzeuge des Straßen-, Schienen- und Luftverkehrs sowie der Binnenschifffahrt in Deutschland, Umweltbundesamt, Texte 96/2013, 2013.
20. Schmied, M. et al. Carbon Footprint – Teilgutachten „Monitoring für den CO2-Ausstoß in der Logistikkette“, Umweltbundesamt, Texte 29/2012, 2012.

21. Schmied, M. et al. Berechnung von Treibhausgasemissionen in Spedition und Logistik gemäß DIN EN 16258, DSLV Deutscher Speditions- und Logistikverband e. V., 2013.
22. Straczek-Helios, P. Transportlogistik im Bauwesen, Masterarbeit, Technische Universität Wien, Wien, 2005. Bibliothekskatalog: AC05037687.
23. Umweltbundamt Österreich https://www.umweltbundesamt.at/umweltthemen/mobilitaet/mobilitaetsdaten/emissionsfaktoren-verkehrsmittel, 12.07.2025.
24. Umweltbundamt Deutschland https://www.umweltbundesamt.de/themen/verkehr/emissionsdaten, 12.07.2025.
25. Wood Products in Germany https://oec.world/en/profile/bilateral-product/wood-products/reporter/deu, 24.07.2025.

Anwendungsbeispiel: Tragwerksvergleich bei Einzelhandelsimmobilien

5

5.1 Ausgangslage und Beschreibung der Varianten

Das Tragwerk ist bei Einzelhandelsimmobilien ein wesentlicher CO_2-Emissionsfaktor. Aufgrund der typischerweise großen Spannweiten sind Bauteile mit hohen Querschnitten und Massen erforderlich. Dies führt insbesondere bei der traditionellen Massivbauweise aus Stahlbeton zu einem hohen Materialeinsatz und entsprechend hohen Emissionen. Moderne Anforderungen an Neubauten wie größere Raumhöhen oder die statische Dimensionierung der Photovoltaikanlagen verstärken diesen Effekt zusätzlich [8].

Angesichts dieser hohen CO_2-Emissionen gewinnt der Einsatz alternativer Bauweisen an Bedeutung. Holztragwerke gelten aufgrund ihrer CO_2-Speicherfähigkeit als besonders Klimafreundlich [11]. Während Holzkonstruktionen im Hallen- und Industriebau bereits etabliert sind, werden sie im Lebensmittelhandel erst seit Kurzem verstärkt eingesetzt. Generell weisen Holzbauweisen in den meisten Fällen eine günstigere Ökobilanz auf, was vor allem auf die in Abschn. 1.1 beschriebene CO_2-Speicherung im Material zurückzuführen ist. Diese Entwicklung unterstreicht die Notwendigkeit, die Forschung nach weiteren klimafreundlichen Baumaterialien und -methoden konsequent voranzutreiben. Insgesamt ist die Wahl des Tragwerkmaterials ein zentraler Hebel mit erheblichem Potenzial zur Emissionsreduktion, sowohl durch den Baustoff selbst als auch durch die Optimierung der zugehörigen Lieferketten oder die Schlankheit der Bauteile.

Für den vorliegenden Vergleich werden die Tragwerke zweier idealtypischer Filialen – eine in Holzbauweise und eine in Stahlbetonbauweise – einander gegenübergestellt. Bei der Auswahl der Standorte wurde darauf geachtet, dass beide Gebäude vergleichbar sind. Kaufland teilt seine Filialen in sogenannte Markttypen ein, die primär über die Größe der Verkaufsfläche definiert werden. Die beiden betrachteten Märkte haben eine Verkaufsfläche von jeweils ca. 2900 m^2 und gehören demselben Markt-Typ an. Des Weiteren haben beide Standorte nahezu dieselbe Bruttogrundfläche (BGF). Somit liegen

M. Lambrecht, *Vom Werk zur Baustelle*, Entwicklung neuer Ansätze zum nachhaltigen Planen und Bauen, https://doi.org/10.1007/978-3-658-51426-6_5

zwei hinsichtlich Größe und Funktion vergleichbare Tragwerke vor, die als Grundlage für Variantenvergleiche dienen.

Betrachtete Bauteile

Für den Vergleich werden folgende Bauteile berücksichtigt:

- Binder
- Stützen
- Zusätzliche Satteldachträger
- Bodenplatte
- Fundamente
- Ortbetondecke für Sozialräume im OG

Alle verwendeten Daten stammen aus den jeweiligen Projektunterlagen wie z. B. Leistungsverzeichnisse (LV) oder Statik-Unterlagen (Interne Quelle [8]). Weitere Tragwerkselemente oder Aussteifungen werden nicht betrachtet, da ihre Ausführung und Menge je nach Bauweise und Gegebenheiten vor Ort variieren und keinen direkten Vergleich ermöglichen. Die Decke für die Sozialräume (zwischen EG und OG) muss ebenso berücksichtigt werden, da diese bei beiden Standorten eine tragende Funktion übernimmt und somit zu dem Tragwerk gehört. Sie wird in beiden Fällen in Beton ausgeführt.

Beim Holztragwerk kommen überwiegend Brettschichtholz-Binder und -Stützen zum Einsatz, ergänzt durch einzelne Betonstützen. Zu beachten ist, dass einzelne Binder aufgrund ihrer Länge als Sondertransporte einzustufen sind. Des Weiteren werden die Fundamente und die Bodenplatte in Ortbeton ausgeführt.

Das Stahlbetontragwerk besteht im Wesentlichen aus Fertigteilen, während Bodenplatte, Fundamente und eine zusätzliche Geschossdecke in Ortbeton ausgeführt werden. Sondertransporte sind hier nur vereinzelt erforderlich.

In beiden Bauweisen werden Bodenplatte und Fundamente berücksichtigt, jedoch mit konstruktiven Unterschieden. In der Holzbauweise erfolgt die Gründung über Fundamentenanker auf der Bodenplatte, während in der Stahlbetonbauweise zwar zusätzliche Einzelfundamente zur Aufnahme höherer Punktlasten notwendig sind, die Bodenplatte dafür jedoch dünner ausgeführt werden kann [8].

Mengenübersicht

Alle Mengen, Gewichte und Materialdichten, welche bei der Berechnung genutzt werden, sind in den Tabellen im Anhang 3.6 und 3.7 aufgelistet. Die Berechnung der Transportemissionen für die einzelnen Bauteile erfolgt auf Grundlage der in den Tabellen dargestellten Werten nach einem einheitlichen Schema. Abb. 5.1 veranschaulicht, in welchem Anwendungsbereich des Tools, die Berechnung erfolgt.

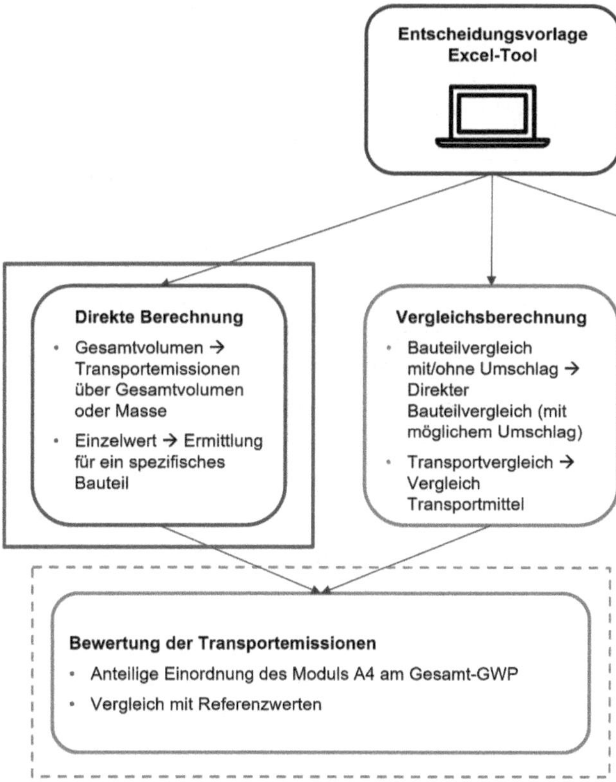

Abb. 5.1 Anwendungsbereich der Entscheidungsvorlage (Excel-Tool) zur Berechnung der Transportemissionen. (Eigene Darstellung)

Zur Veranschaulichung der jeweiligen Standorte sind im Anhang Auszüge aus dem Leistungsverzeichnis, die sich auf die hier betrachteten Bauteile beschränken, sowie Abbildungen und Visualisierungen beigefügt. Die Unterlagen für die Holzbauweise finden sich in Anhang 3.1, jene für die Stahlbetonbauweise in Anhang 3.2.

Berechnungsvorgehen je Bauteil

Die Transportemissionen der untersuchten Bauteile wurden vollständig über das Tabellenblatt „Gesamtvolumen“ im Excel-Tool ermittelt. Hierzu wurden alle Bauteile anhand ihrer Geometrie spezifischen Materialdichte bzw. -eigenschaft in einzelne Materialgruppen unterteilt und als Gesamtmasse in das Excel-Tool eingetragen. Dadurch ließ sich für jedes Bauteil die transportierte Masse präzise bestimmen und in Verbindung mit der jeweiligen Transportdistanz berechnen. Für das bessere Verständnis sind die Bauteile in Anhang 3.3 in zwei Tabellen (je Holz- und Stahlbauweise) eingeteilt. Diese sind als Transportübersicht zu verstehen, da für jede Materialgruppe die Transportemissionen einzeln ermittelt wurden.

Für Bauteile, die aufgrund ihrer Abmessungen oder ihres Gewichts außerhalb der Standardvorgaben für Lkw-Transporte liegen, wurde im Excel-Tool die Option „Sondertransport“ aktiviert. Dadurch wurde ein höherer Emissionsfaktor sowie angepasste Transportkennwerte angewendet. Die Einstufung als Sondertransport erfolgt auf Grundlage realistischer Transportbedingungen und orientiert sich an branchenüblichen Maß- und Gewichtsbeschränkungen (vgl. Kap. 4). Abb. 5.2 bildet das Vorgehen schematisch ab.

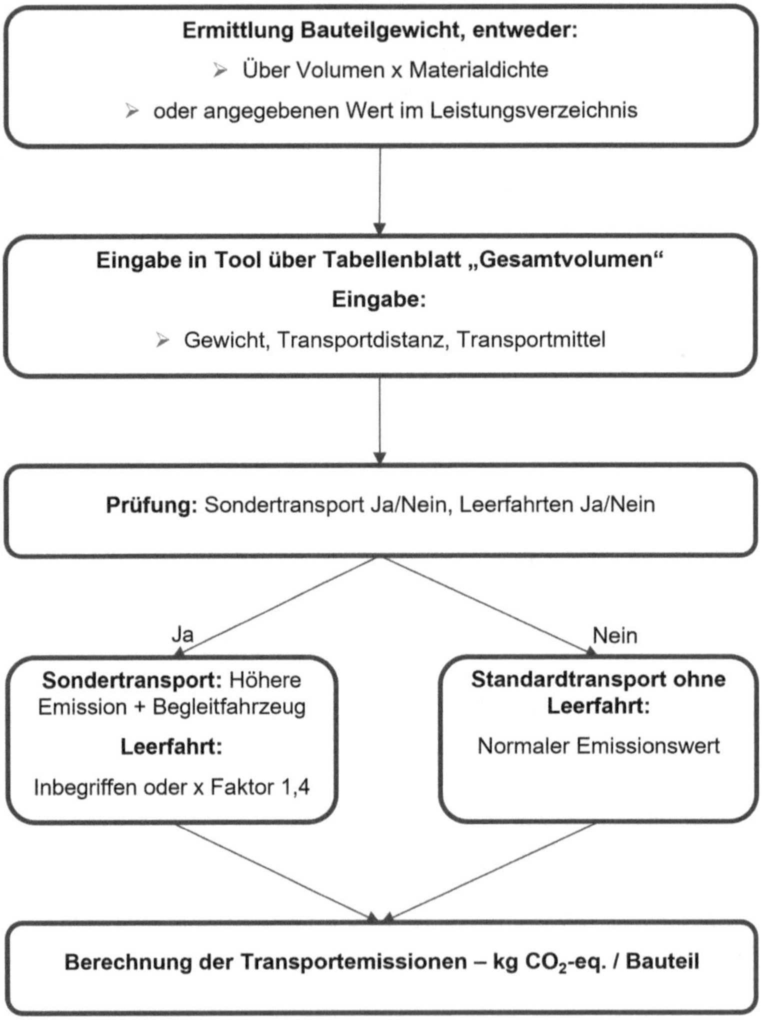

Abb. 5.2 Schematisches Vorgehen zur Ermittlung von Transportemissionen im Tool. (Eigene Darstellung)

Beschreibung der Szenarien für Transportemissionen (A2/A4)
Um den Einfluss unterschiedlicher Transportentfernungen auf das Treibhauspotenzial (GWP) zu analysieren, werden für die Berechnung mehrere Szenarien definiert. Die Szenarien basieren auf den Erkenntnissen aus der Literaturrecherche, insbesondere der Studie von Gu, H. et al. (vgl. Abschn. 3.3, Abb. 3.4) [6], welche u. a. die Auswirkungen verschiedener Transportdistanzen auf die Ökobilanz von Holzkonstruktionen untersucht hat, und den festgelegten Herkunftsregionen aus Abschn. 4.2 (siehe Tab. 4.2). Die hier gewählten Szenarien sollen diese Abhängigkeiten praxisnah abbilden. Die detaillierten Berechnungsergebnisse zu jedem der nachfolgend beschriebenen Szenarien sind zur Nachvollziehbarkeit im Anhang 3.8 aufgeführt.

Die Annahme ist, dass sich der reale Standort des Holztragwerks in Bayern befindet, was die Grundlage für die Berechnung der regionalen Transportdistanzen bildet. Im Gegensatz dazu wird die Transportdistanz für Beton (Modul A4) in allen Szenarien mit einem konstanten Wert von 50 km angesetzt (vgl. Abschn. 4.2, [6, 11]). Diese Vereinfachung basiert auf der vereinfachten Annahme, dass der Transport von Fertigbetonteilen oder Transportbeton in der Regel regional erfolgt und die EPDs von Betonprodukten oft von einer kurzen Transportdistanz ausgehen (vgl. [2] in Anhang 3.4). Dadurch kann der „Best-Case" für Beton gegenüber den variierenden Szenarien für Holz ins Verhältnis gesetzt werden. Für das Modul A2, wird der in der EPD für Beton hinterlegte Wert genommen [9].

- **Szenario 0 (Referenz):**
  Dieses Szenario dient als Grundlage und verwendet die in den EPDs der Bauteile angegebenen Standardwerte für die Module A2 und A4. In Fällen, in denen kein spezifischer Wert für diese Module ausgewiesen ist, werden sie im Referenzszenario nicht berücksichtigt, um die Transparenzdefizite in den EPDs aufzuzeigen.
- **Szenario 1 (Regional):**
  Dieses Szenario bildet einen Idealfall ab, bei dem alle Baustoffe, insbesondere das Holz, aus regionaler Herkunft bezogen werden. Für das Modul A2 wird eine Transportdistanz von 20 km und für das Modul A4, 50 km angenommen.
- **Szenario 2 (Holz weite Distanz):**
  Dieses Szenario analysiert den Einfluss einer nicht-regionalen Lieferkette für Holz. Es wird angenommen, dass das Rohholz regional verarbeitet wird (A2 bleibt bei 20 km), aber der Transport der fertigen Bauteile (A4) über eine weite Distanz von 650 km zur Baustelle erfolgt. Diese Distanz wurde basierend auf den typischen Herkunftsregionen von Holzprodukten in Europa (z. B. Österreich oder Tschechien) gewählt (vgl. Abschn. 4. 2 und [12]).
- **Szenario 3 (A2 weite Distanz + A4 Regional):**
  Dieses Szenario kombiniert eine weite Lieferkette im Modul A2 mit einer regionalen Lieferung im Modul A4. Es wird angenommen, dass das Rohholz per Schiff aus Finnland (1050 km) nach Lübeck transportiert wird, bevor es mit einem LKW (ca. 600 km) zur Verarbeitung in den Süden Deutschlands gelangt. Der anschließende Transport der fertigen

Tab. 5.1 Übersicht der Transportdistanzen in den Modulen A2 und A4 für die untersuchten Szenarien. (Eigene Darstellung)

Szenario	Material	Distanz Modul A2 (in km)	Distanz Modul A4 (in km)
0	Holz & Beton	Grundlagen Szenario. GWP wird nur mit den in den EPD enthaltenen Daten ermittelt	
1	Holz Beton	20 km Werte gemäß EPD	50 km – Lkw 50 km – Lkw
2	Holz Beton	20 km Werte gemäß EPD	650 km – Lkw 50 km – Lkw
3	Holz Beton	1050 km Schiff + 600 km Lkw Werte gemäß EPD	50 km – Lkw 50 km – Lkw
4	Holz Beton	1050 km – Schiff + 600 km Zug Werte gemäß EPD	50 km – Lkw 50 km – Lkw

Holzbauteile zur Baustelle erfolgt regional (50 km). Um die Massenbilanz zu berücksichtigen, wird angenommen, dass für 133,62 t fertiger Holzbauteile, 170 t Rohholz benötigt werden, was einem Verlust von 20 % entspricht (eigene Annahme).

- **Szenario 4 (Alternative zu Szenario 3 – Bahntransport im Modul A2):**
  Dieses Szenario ist eine Alternative zu Szenario 3 und vergleicht die Emissionen des Langstreckentransports. Der Transport des Rohholzes von Lübeck ins Werk nach Bayern erfolgt nicht per LKW, sondern per Güterzug über eine Distanz von ca. 600 km, um das Potenzial des Schienentransports zur Emissionsreduktion aufzuzeigen. Der Transport der fertigen Bauteile (A4) zur Baustelle bleibt regional (50 km).

Tab. 5.1 listet die Szenarien tabellarisch auf.

Zur Veranschaulichung der Transportketten wurden Szenario 3 und Szenario 4 grafisch aufbereitet (vgl. Abb. 5.3). Die Abb. 5.3 zeigt die jeweiligen Transportabschnitte sowie deren Zuordnung zu den Modulen A2 und A4.

Alternativszenario

Zusätzlich zu den regulären Szenarien wurde eine Break-Even-Analyse[1] durchgeführt, um die kritische Transportdistanz zu ermitteln, ab der die CO_2-Emissionen der Holzvariante jene der Stahlbetonvariante übersteigen. Diese Analyse umfasst zwei Ansätze: eine generische Betrachtung basierend auf einem festgelegten Bauvolumen und eine projektspezifische Betrachtung der beiden untersuchten Tragwerke.

1. **Generische Break-Even-Analyse (Transportmodul A4):**

[1] Eine Break-Even-Analyse ermittelt den Punkt, an dem zwei Alternativen in Bezug auf ein definiertes Kriterium (hier: GWP-Bilanz) gleichwertig sind.

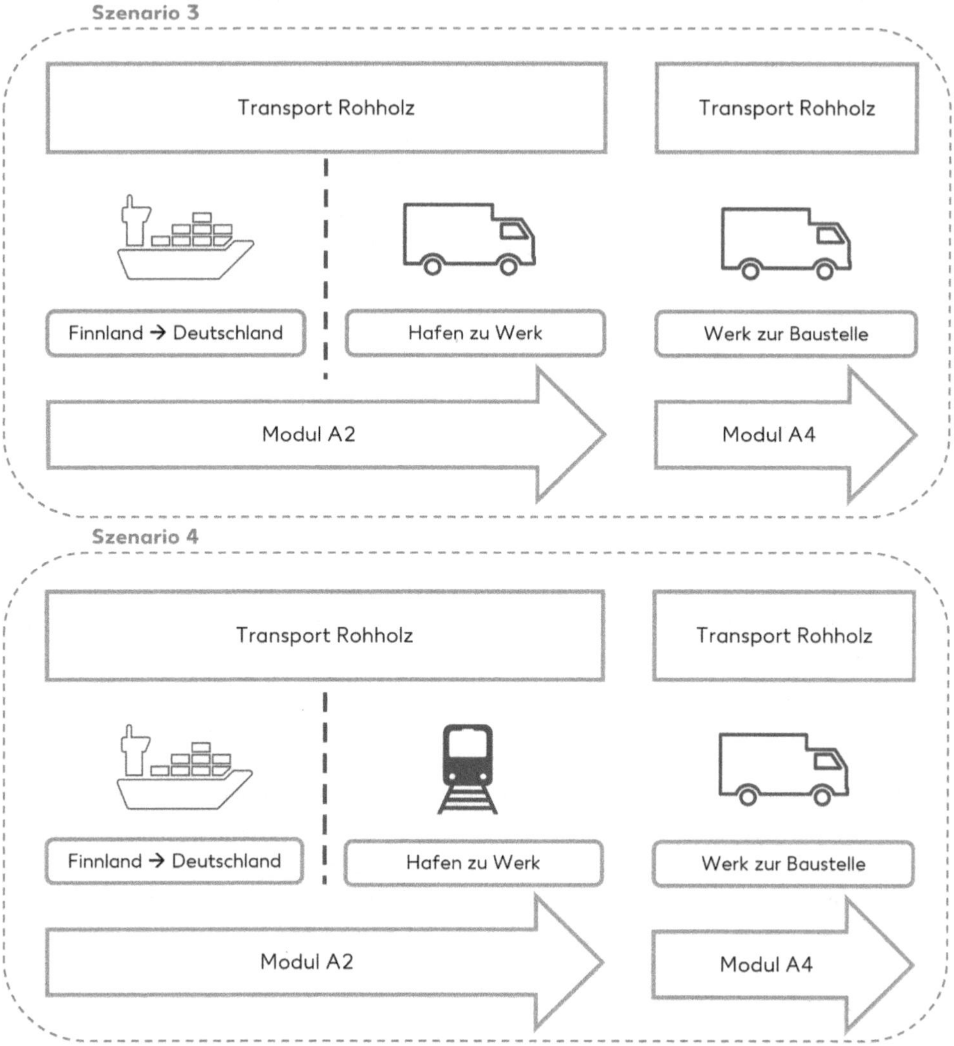

Abb. 5.3 Darstellung der Transportketten in Szenario 3 (Schiff + 40 t Lkw-Sattelzug) und Szenario 4 (Schiff + Bahn + 40 t Lkw-Sattelzug) mit Zuordnung zu den Modulen A2 und A4. (Eigene Darstellung)

Für diese erste Betrachtung wurde ein Tragwerksvolumen von 700 m^3 als Grundlage festgelegt. Es wird eine Materialdichte von 385 kg/m^3 für Holz und 2400 kg/m^3 für Beton angenommen. In dieser Analyse werden ausschließlich die Transportemissionen des Moduls A4 (Transport vom Werk zur Baustelle) verglichen, und Leerfahrten bleiben unberücksichtigt.

2. **Projektspezifische Break-Even-Analyse (Gesamt-GWP):**

Der zweite Ansatz vergleicht die Gesamtemissionen beider Tragwerke, wie sie in den untersuchten Projekten vorliegen. Hierbei wird der Break-Even-Punkt ermittelt, an dem die gesamte GWP-Bilanz der Holzkonstruktion, die der Stahlbetonkonstruktion erreicht. Die Transportdistanz für Beton bleibt konstant bei 50 km (Modul A4), während die Distanz für den Holztransport eine variable Größe darstellt. Die Analyse konzentriert sich hierbei bewusst auf das Modul A4, da die herangezogenen EPDs für Beton lediglich aggregierte Werte für die Module A1–A3 ausweisen, in denen der Rohstofftransport (A2) bereits pauschal enthalten ist. Eine zusätzliche Berücksichtigung von A2 würde somit zu einer Doppelzählung und einer Verfälschung der Ergebnisse führen. Die Emissionen aus dem Betonanteil im Holztragwerk (z. B. Fundamente, Bodenplatte, Stützen) werden ebenfalls auf Basis einer Transportdistanz von 50 km für Modul A4 berechnet.

Zur Ermittlung der Break-Even-Distanz wurde eine Vergleichsrechnung durchgeführt. Die Transportdistanz der Holzbauweise wurde dabei als variable Größe angesetzt, während die Distanz der Stahlbetonbauweise konstant bei 50 km blieb. Die Berechnung erfolgte iterativ, sodass sich der Punkt ermitteln ließ, ab dem die Treibhausgasemissionen der Holzvariante jene der Stahlbetonvariante übersteigen.

Für die Auswertung des GWP wurden die Module A1 bis A4 gemäß DIN EN 15804 berücksichtigt. Die Module A1 bis A3 wurden auf Basis der jeweilig gültigen EPD ermittelt. Das Modul A4, wurde aufgrund der eingeschränkten Transparenz in den EPDs mit dem in Abschn. 4.4 erläuterten Excel-Tool, separat ermittelt. Beim Rohstofftransport (Modul A2) ist die Datenlage in den EPDs uneinheitlich: Während für Brettschichtholz ein separater A2-Wert ausgewiesen ist, wird dieser bei Beton und Bewehrung nur als aggregierter Bestandteil der Module A1–A3 deklariert. Um die Vergleichbarkeit der Materialien zu gewährleisten, wurden diese aggregierten EPD-Werte für die Betonbauteile übernommen. Ein Weglassen dieser Werte wäre methodisch falsch, da sonst auch die Herstellungsmodule A1 und A3 für Beton unberücksichtigt blieben und das Ergebnis massiv verfälscht würde. Die eingeschränkte Datenqualität für Modul A2 wird akzeptiert und in Literatur kritisch bewertet. Darüber hinaus wurden die Module B1, C2, C3 und D berücksichtigt. Um einen ganzheitlichen Vergleich sicherzustellen, wird auch das Recyclingpotenzial (Modul D) für beide Bauweisen, sowohl für Holz als auch für Beton und Bewehrung, in die Analyse einbezogen. Weitere Module wurden aufgrund fehlender oder nicht vergleichbarer Daten nicht in die quantitative Auswertung einbezogen. In der Tabelle in Anhang 3.4 (Teil 2) ist eine Übersicht aller bilanzierten Module.

Verwendete EPDs

Die Bilanzierung der Emissionen basiert auf EPDs, die gemäß DIN EN 15804 erstellt wurden. Bei der Auswahl wurde auf Aktualität, Vollständigkeit der Modulinhalte und Relevanz für die betrachteten Bauteile geachtet. Eine detaillierte Übersicht aller verwendeten EPDs inklusive ihrer Modulabdeckung, EPD-Nummer und Quellenangabe ist in Anhang 3.4 (Teil 3) zu finden.

5.2 Auswertung der Ergebnisse und Vergleich der Gesamt CO_2-Emissionen beider Tragwerke unter Berücksichtigung des Transportweges

In Folgendem werden die Ergebnisse der simulierten Szenarien zur CO_2-Bilanzierung (GWP) dargestellt und kritisch bewertet. Grundlage bilden die unterschiedlichen Bilanzierungsansätze (eigene Berechnung, Software und EPD) und die unterschiedlichen Tragwerkskonstruktionen (Holz- und Stahlbetontragwerk). Auf die Emissionen aus Modul A4 (Transport auf die Baustelle) wird dabei besonders abgezielt. Ziel ist es, die Einflüsse der Transportannahmen und der Bilanzierungskalkulationen auf die CO_2-Bilanz der beiden Tragwerksvarianten darzustellen und einzuordnen.

5.2.1 Analyse und Vergleich der Transportemissionen im Modul A4

Die Berechnung der Transportemissionen (Modul A4) erfolgt auf Grundlage der in Abschn. 5.2 beschriebenen Systemgrenzen anhand des in Kap. 4 vorgestellten Excel-Tools. Das Vorgehen wurde in Abb. 5.2 schematisch dargestellt. Die relevanten Bauteile der Tragwerksvarianten wurden entsprechend ihrer Materialgruppen (Sondertransport Ja/Nein) separat bilanziert. Zur besseren Übersicht werden die Einzelwerte im Folgenden aggregiert und in zwei Varianten miteinander verglichen: die Berechnung über das eigene Excel-Tool und über die Softwarelösung „CarbonCare" [3]. Die Datengrundlage der EPD-Daten ist in Anhang 3.4 aufgeführt.

Die Tab. 5.2 vergleicht die Transportemissionen des Moduls A4 für die Holz- und Stahlbetonbauweise, berechnet mit dem eigenen Excel-Tool und der externen Software. Abb. 5.4 verdeutlicht die Unterschiede in einem Diagramm.

Erkenntnisse aus dem Vergleich der Transportemissionen

Die Analyse der Transportemissionen für Modul A4 zeigt, dass die Ergebnisse je nach verwendetem Berechnungstool (eigenes Excel-Tool vs. CarbonCare Software) und Bauweise bei variierenden Transportdistanzen stark voneinander abweichen. Dabei fällt auf, dass die mit dem eigenen Excel-Tool berechneten Transportemissionen deutlich höher ausfallen als die mit der Software ermittelten. Die größten Abweichungen zwischen den beiden Berechnungsmethoden treten in den Szenarien 2 und 3 auf. Ein weiterer signifikanter Unterschied zeigt sich bei der Betonbauweise. Hier beträgt die Abweichung zwischen dem Excel-Tool und der Software 9936,55 kg CO_2-eq. Welche Bauweise geringere Transportemissionen aufweist, hängt von der verwendeten Berechnungsmethode ab. Nach der Berechnung mit dem Excel-Tool sind die Transportemissionen der Holzbauweise in den Szenarien 1 (regionale Herkunft) und 4 (europaweite Herkunft) niedriger als bei der Betonbauweise. In den Szenarien 2 und 3 hingegen übersteigen die Emissionen der Holzbauweise die der Betonbauweise. Bei der Berechnung mit der Software hat die Holzbauweise hingegen nur in Szenario

Tab. 5.2 Vergleich der berechneten Transportemissionen im Modul A4 für Holz- und Stahlbetonbauweise (eigene Berechnung vs. externe Software). (Eigene Darstellung)

Szenarien	Holzbauweise Tool [kg CO_2-eq.]	Stahlbetonbauweise Tool [kg CO_2-eq.]	Differenz Holz vs. Beton	Holzbauweise Software [kg CO_2-eq.]	Stahlbetonbauweise Software [kg CO_2-eq.]	Differenz Holz vs. Beton	Abw. Holz (Tool vs. Software)	Abw. Beton (Tool vs. Software)
Szenario 1	16.529,84	22.417,40	**−5887,56**	11.868,26	12.480,85	**−612,59**	**4661,58**	**9936,55**
Szenario 2	25.783,56	22.417,40	**3366,16**	16.158,41	12.480,85	**3677,56**	**9625,15**	
Szenario 3	29.700,51	22.417,40	**7283,11**	20.077,80	12.480,85	**7596,95**	**9622,71**	
Szenario 4	20.311,41	22.417,40	**−2105,99**	13.597,49	12.480,85	**1116,64**	**6713,92**	

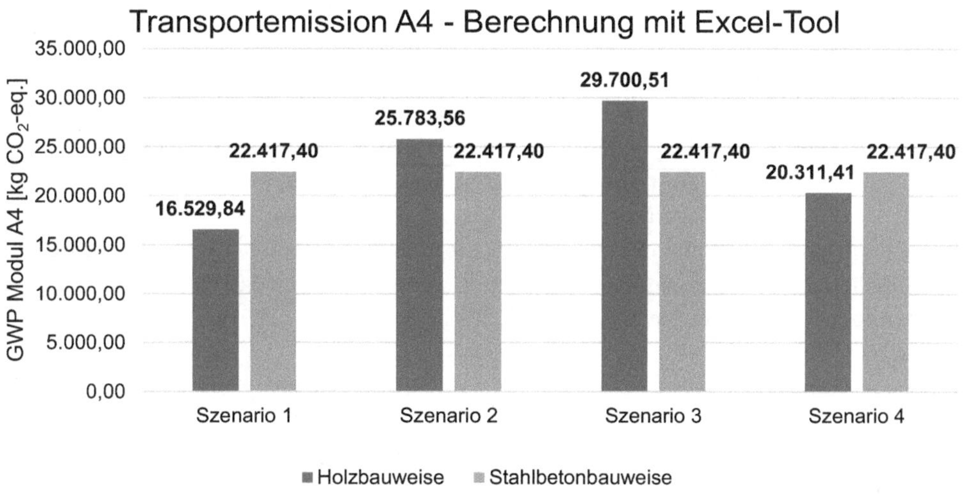

Abb. 5.4 Grafische Darstellung der berechneten Transportemissionen im Modul A4 für Holz- und Stahlbetonbauweise. (Eigene Darstellung)

1 niedrigere Emissionen und liegt in allen anderen Szenarien (2 bis 4) über den Werten der Betonbauweise.

Somit lässt sich allgemein festhalten, dass die Holzbauweise je nach Berechnungsgrundlage bereits bei nicht-regionalen Transportdistanzen höhere Transportemissionen als die Stahlbetonvariante aufweisen kann. Dies ist kritisch zu betrachten, da für Beton in allen Szenarien ein „Best-Case" mit einer konstanten Transportdistanz von 50 km (A4) angenommen wurde. Diese Annahme ist jedoch nicht unbedingt auf alle Regionen Deutschlands übertragbar, insbesondere wenn Transportbeton oder Fertigteile von weiter entfernten Herstellern bezogen werden. Dies muss bei der Bewertung der Ergebnisse berücksichtigt werden.

Ursachenanalyse der Abweichungen

Der erste und vermutlich wichtigste Grund für die Differenzen liegt in den verwendeten Emissionskennwerten. Das eigene Excel-Tool verwendet die frei zugänglichen Werte des UBA [7], während die Daten der Software CarbonCare nach eigenen Angaben auf selbst gemessenen Werten und denen von Partnern basieren (=Primärdaten) [3]. Ein weiterer Grund für Abweichungen sind die Annahmen zu Leerfahrten. Sowohl in den Emissionskennwerten des Excel-Tools als auch in der Software sind Leerfahrten berücksichtigt. In beiden Fällen ist jedoch nicht transparent ausgewiesen, in welchem Umfang oder mit welchem Faktor dies geschieht. Dies erschwert einen direkten Vergleich der zugrunde liegenden Annahmen.

Weitere Ursachen für die Unterschiede sind:

- **Sondertransporte:** Das eigene Excel-Tool berücksichtigt Sondertransporte sowie die Emissionen des notwendigen Begleitfahrzeuges, was in der Software nicht der Fall ist. Dies kann ein Grund für die höheren Werte des Excel-Tools sein.
- **Massenbilanz und Dichte:** Die Dichte der Materialien spielt eine maßgebliche Rolle für die Emissionen. Zwar hat die Holzbauweise bei gleicher Kubatur eine geringere Masse, was sich positiv auf die transportbedingten Emissionen auswirkt. Allerdings können sowohl die transportierte Masse als auch das Volumen eines Bauteils durch die Wahl des Transportmittels und des Fahrzeugtyps begrenzt werden. Die Kapazität des Lkws wird nämlich nicht nur durch das Gewicht, sondern auch durch das Volumen der Ladung begrenzt. Dies könnte die Unterschiede zwischen dem Excel-Tool und der Software erklären.
- **Distanzfaktoren:** Die Software verwendet die kürzeste realisierbare Distanz, während das Excel-Tool zusätzliche Faktoren gemäß DIN EN ISO 14083 auf die Distanz anwendet. Das eigene Excel-Tool berücksichtigt dabei, dass der beaufschlagte Faktor mit steigender Distanz ebenfalls ansteigt, was erklären könnte, weshalb es bei höheren Distanzen höhere Emissionen ermittelt.
- **Datenqualität und -herkunft:** Ein weiterer möglicher Grund für die Abweichung könnte die unterschiedlichen Berücksichtigung topografischer Einflüsse sein. Während die Software Höhenunterschiede streckenspezifisch für die jeweilige Route berechnet, sind solche Faktoren in den Emissionskennwerten des Excel-Tools bereits pauschal und nicht streckenbezogen enthalten. Da die Einblicke in die Datengrundlagen der Software begrenzt sind, ist eine tiefere Analyse der Unterschiede schwierig. Dies zeigt sich beispielhaft in Szenario 4 (europaweiter Transport). Das Excel-Tool weist für die Holzbauweise einen geringeren Emissionswert aus. Für diesen Transport wird der Schienentransport gewählt. Die Abweichung kann darauf zurückzuführen sein, dass das Excel-Tool einen niedrigeren Emissionskennwert für den Bahntransport verwendet oder die Software andere Annahmen trifft (z. B. Auslastung). Zudem sind die Emissionswerte des Bahntransports stark vom zugrunde liegenden Strommix abhängig. Unterschiedliche Annahmen zu Strommix in den beiden Tools können ebenso maßgeblich zu den abweichenden Ergebnissen beitragen.

5.2.2 Vergleich: EPD-Wert vs. Excel-Tool/Software

Die Analyse zeigt, dass die Transportemissionen in EPDs tendenziell deutlich von den Werten abweichen, die mit dem eigenen Excel-Tool oder der Software berechnet wurden. Um die Ursachen dieser Diskrepanz zu verdeutlichen, wurde eine separate Betrachtung der Betonbauteile durchgeführt, bei der die Ergebnisse aus den EPD-Angaben direkt mit denen des eigenen Excel-Tools und der Software verglichen werden. Die Abweichungen zwischen EPD-Wert, Excel-Tool-Berechnung und Software lassen sich exemplarisch an der Bodenplatte der Holzbauweise verdeutlichen (vgl. Abb. 5.5).

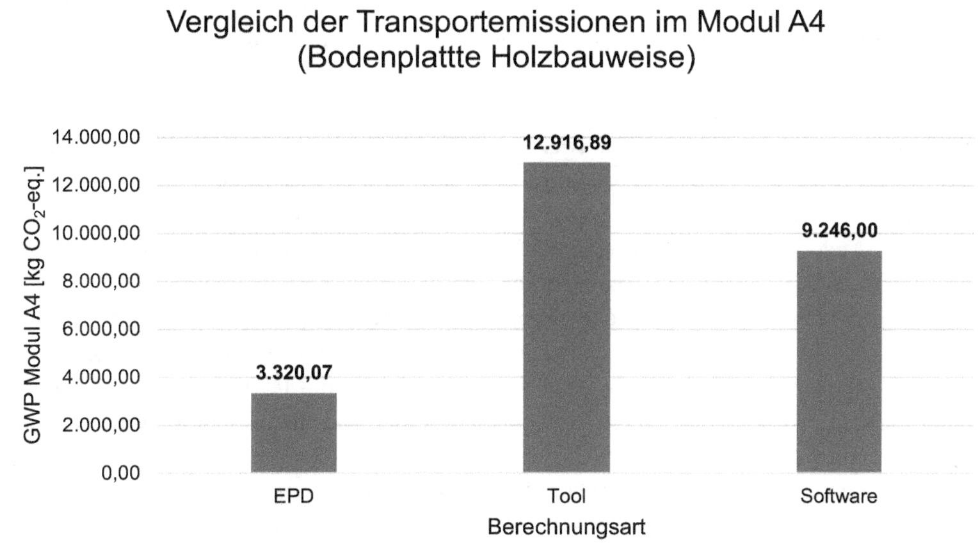

Abb. 5.5 Vergleich der berechneten Transportemissionen im Modul A4 für die Bodenplatte der Holzbauweise (EPD-Wert, eigenes Excel-Tool, externe Software). (Eigene Darstellung)

Analyse der Abweichungen

Wie aus Abb. 5.5 ersichtlich, liegen die EPD-Werte für das Modul A4 deutlich unter den Werten, die mit dem eigenen Excel-Tool und der Software berechnet wurden. So ist bspw. der EPD-Wert für 1015,0 m^3 Transportbeton (C30/37) mit 3320,07 kg CO_2-eq. signifikant niedriger als die Resultate der beiden anderen Methoden, wobei das eigene Excel-Tool den höchsten Wert ermittelt.

Der Hauptgrund für diese Diskrepanz liegt in den fundamental unterschiedlichen Berechnungsgrundlagen [10]. Die EPD basiert auf einem verbrauchsorientierten Ansatz, der auf mutmaßlich pauschalen Annahmen für ein idealisiertes Szenario beruht. Ein Blick in die EPD-Daten zeigt, dass eine sehr kurze Transportdistanz von nur 11,2 km zugrunde gelegt wird und die Berechnung auf Basis eines spezifischen Verbrauchs von 4,96 l Dieseläquivalent pro 100 km, bezogen auf jeden transportierten Kubikmeter (m^3) erfolgt. Diese Berechnungsart wurde vermutlich gewählt, um das Ergebnis auf die deklarierte Einheit von einem Kubikmeter beziehen zu können. Diese methodische Vereinfachung führt jedoch zu einem fixen Wert für ein unrealistisches Best-Case-Szenario, der stark von der Realität abweicht. Dieser Unterschied in der Distanz ist der wesentliche Einflussfaktor:

- Bei längeren, realistischen Distanzen (wie den angenommenen 50 km) unterschätzt der EPD-Wert die Transportemissionen erheblich.

- Würde man hingegen eine sehr kurze, projektspezifische Distanz annehmen, die unter dem EPD-Pauschalwert liegt, könnte der berechnete Emissionswert sogar niedriger ausfallen als der EPD-Wert.

Im Gegensatz dazu nutzen das Excel-Tool und die Software, die der DIN EN ISO 14083 entsprechen, eine masse- und distanzbasierte Logik (tkm). Dieser Ansatz multipliziert die reale, projektspezifische Transportleistung (Masse x Distanz) mit einem standardisierten Emissionsfaktor. Anders als bei den starren EPD-Werten, die auf einer festen Annahme beruhen, wird hier also die tatsächliche Distanz berücksichtigt. Dadurch ist eine flexible Berechnung möglich, die sich an die tatsächlichen Projektbedingungen anpassen lässt. Dies führt zu einem deutlich realitätsnäheren Ergebnis. Die Beobachtung, dass die A4-Grundwerte in den für diese Arbeit verwendeten EPDs – mit Ausnahme des Betons C50/60 – bei etwa 3 bis 4 kg kg CO_2-eq./m^3 liegen, stützt die Annahme, dass hier systematisch zu niedrige oder in gewissen Fällen auch zu hohe Werte ausgewiesen werden.

Die verbleibende Differenz zwischen dem Excel-Tool und der Software ist auf bereits genannte Faktoren wie unterschiedliche Emissionskennwerte und Annahmen zu Leerfahrten und Sondertransporten zurückzuführen.

Bedeutung für die eigene Methodik

Die deutlichen Abweichungen zwischen EPD-Werten und den eigenen Berechnungen belegen die Relevanz und den Mehrwert des entwickelten Excel-Tools. Es überwindet die Limitierungen lückenhafter EPDs, indem es eine präzisere sowie transparentere Datengrundlage zur Bewertung von Transportemissionen schafft. Die Fähigkeit des Tools, variable, projektspezifische Transportdistanzen abzubilden, ist sein entscheidender Vorteil gegenüber den starren und oft irreführenden Pauschalwerten in EPDs. Dies ist von großer Bedeutung, um fundierte Entscheidungen auf Basis realistischer Daten treffen zu können und Fehleinschätzungen in der ökologischen Bilanzierung zu vermeiden. Gleichwohl sollten die tendenziell höheren Werte des eigenen Tools kritisch geprüft und ggf. durch die Einbeziehung weiterer Korrekturfaktoren justiert werden.

5.2.3 Betrachtung des GWP-Total inklusive Modul A4

Nach der isolierten Analyse des Moduls A4 erfolgt in diesem Abschnitt eine Gesamtbetrachtung des GWP der Module A1 bis D. Dabei werden zunächst die Ergebnisse ohne Berücksichtigung des Modul A4 dargestellt und anschließend um die transportbedingten Emissionen ergänzt. So lässt sich die relative Bedeutung der Transportemissionen im Kontext der Gesamtbilanz einordnen.

Besondere Aufmerksamkeit gilt Modul D, da hier potenzielle Gutschriften für die stoffliche oder thermische Verwertung von Holz nach der Nutzungsphase bilanziert werden.

Für die Bewertung ist es entscheidend, ob die im Tragwerk eingesetzten Holzelemente am Ende ihrer Lebensdauer tatsächlich einer stofflichen oder energetischen Nutzung zugeführt werden. Nur in diesem Fall können negative Emissionswerte (sogenannte Gutschriften) berücksichtigt werden. Im vorliegenden Kontext ist zu berücksichtigen, dass das Unternehmen grundsätzlich den Ansatz verfolgt, Gebäude vorrangig zu modernisieren, statt abzureißen. Ein Szenario, bei dem das Holztragwerk kurzfristig zurückgebaut wird, ist daher nicht gegenwärtig vorgesehen. Für die Modellierung bedeutet dies, dass Modul D zwar ausgewiesen wird, seine Werte jedoch mit Vorsicht zu interpretieren sind und in einem Alternativszenario auch mit Null bilanziert werden können. Bei Beton werden die Gutschriften des Moduls D ebenfalls berücksichtigt.

Zur besseren Vergleichbarkeit werden die Ergebnisse in drei Varianten dargestellt:

1. GWP gesamt ohne Modul A4 – Basisbewertung ohne Transportemissionen.
2. GWP gesamt mit Modul A4 – Ergänzung um die transportbedingten Emissionen.
3. Alternativ-Szenario ohne Gutschrift aus Modul D – Darstellung der Bilanz ohne potenzielle End-of-Life-Gutschriften

Die Ergebnisse dieser Varianten werden in folgenden Tabellen und Abbildungen zusammengefasst. Tab. 5.3 zeigt zunächst die Gesamtemissionen beider Bauweisen im Referenzszenario 0, basierend auf den reinen EPD-Daten und ohne die separate Berechnung von Modul A4.

Tab. 5.4 erweitert die Analyse und stellt die Gesamtemissionen (GWP-Gesamt) für alle Szenarien dar. Sie unterscheidet dabei zwischen der Bilanz mit und ohne Berücksichtigung der Gutschriften aus Modul D für die Holzbauweise.

Zur visuellen Veranschaulichung der Ergebnisse mit Berücksichtigung des Recyclingpotenzials (Modul D) dient Abb. 5.6. Sie stellt die GWP-Gesamtwerte der Holz- und Stahlbetonbauweise über die vier Szenarien hinweg dar.

Abb. 5.7 zeigt das Alternativszenario, in welchem die Gutschrift aus Modul D für die Holzbauweise nicht berücksichtigt wird. Das Diagramm verdeutlicht, wie sich das Fehlen der End-of-Life-Gutschriften auf den ökologischen Vorteil der Holzkonstruktion auswirkt.

Kritische Reflexion der Ergebnisse

Trotz der potenziellen Nachteile beim Transport über weite Distanzen zeigt die Gesamtbilanz aller betrachteten Module (einschließlich A2 und A4), dass die Holzbauweise in allen

Tab. 5.3 Gesamtemissionen im Modul A4 ohne Berücksichtigung von Modul D. (Eigene Darstellung)

GWP-Total ohne Modul A4			
Szenarien	Holzbauweise	Stahlbetonbauweise	Differenz
Szenario 0	210.054,48 kg CO_2-eq.	435.077,34 kg CO_2-eq.	**225.022,86**

Tab. 5.4 Gesamtemissionen im Modul A4 mit und ohne Berücksichtigung von Modul D. (Eigene Darstellung)

GWP-Total mit Modul A4 [kg CO_2-eq.]					
Szenarien	Holzbauweise mit Modul D	Holzbauweise ohne Modul D	Stahlbetonbauweise	Differenz mit D	Differenz ohne D
Szenario 1	226.584,33	363.732,28	457.494,74	**230.910,42**	**93.762,47**
Szenario 2	235.838,04	372.985,99	457.494,74	**221.656,70**	**84.508,75**
Szenario 3	239.755,00	376.902,95	457.494,74	**217.739,75**	**80.591,80**
Szenario 4	230.365,90	367.513,85	457.494,74	**227.128,85**	**89.980,90**

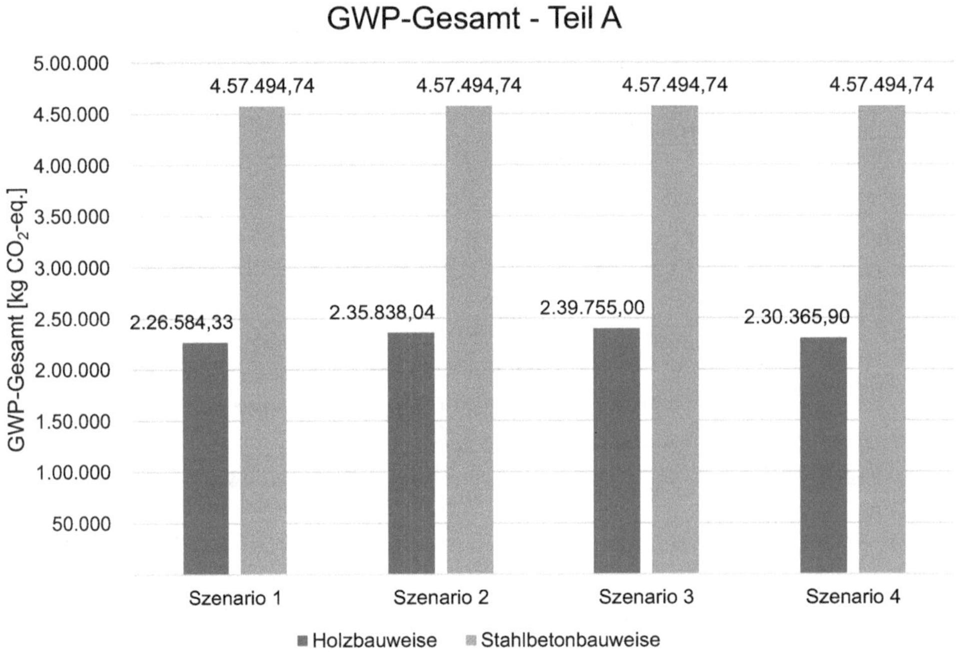

Abb. 5.6 Vergleich des GWP-Total im Modul A4 mit Modul D (Holz- und Stahlbetonbauweise). (Eigene Darstellung)

Szenarien einen niedrigeren GWP-Wert aufweist als die Stahlbetonbauweise. Die Differenz beträgt je nach Szenario zwischen rund 215.000 und 230.000 kg CO_2-eq. (vgl. Tab. 5.4). Auffällig ist, dass die Überlegenheit unabhängig von der gewählten Transportdistanz gilt, selbst in Szenarien mit sehr weiten Lieferketten bleibt die Holzbauweise im Gesamtvergleich klimatisch günstiger.

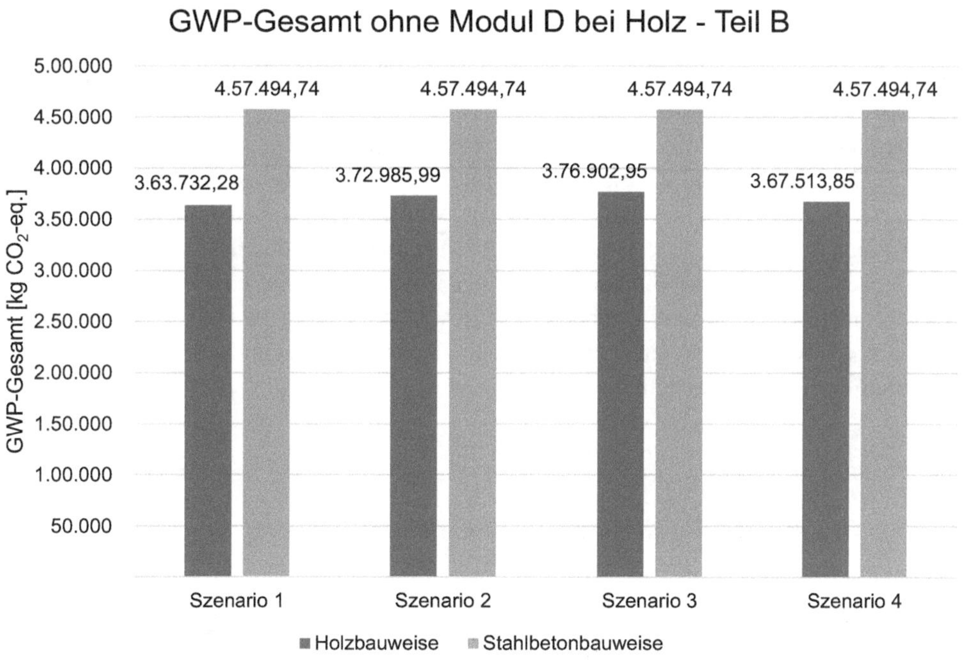

Abb. 5.7 Vergleich des GWP-Total ohne Modul D bei der Holzbauweise. (Eigene Darstellung)

Die Ursachen für das Ergebnis liegen im Wesentlichen in zwei Faktoren: Zum einen weist Holz aufgrund seiner Speicherfunktion in Modul A1 einen negativen Beitrag auf, da während des Wachstums gebundenes CO_2 über die Lebensdauer des Gebäudes in den Bauteilen verbleibt (vgl. [13]). Im Gegensatz dazu ist die Herstellung von Beton (A1–A3) sehr CO_2-intensiv (vgl. EPD-Daten [2]). Andererseits führt Modul D durch die Annahme einer stofflichen oder energetischen Verwertung am Ende der Nutzungsphase zu weiteren Gutschriften, da eine Substitution fossiler Energieträger oder Primärrohstoffe unterstellt wird. Diese beiden Effekte überkompensieren die höheren Transportemissionen, die in einzelnen Szenarien für die Holzvariante entstehen.

Gleichzeitig ist kritisch zu betonen, dass insbesondere die Gutschriften aus Modul D nicht selbstverständlich sind. Sie hängen stark von den tatsächlichen End-of-Life-Szenarien ab und sind nur dann gerechtfertigt, wenn eine stoffliche oder thermische Nutzung des Holzes tatsächlich erfolgt [4]. Wird das Holz beispielsweise unkontrolliert deponiert oder verbrannt, entfällt dieser positive Effekt vollständig. Vor diesem Hintergrund ist die Betrachtung eines Alternativszenarios, in dem Modul D neutral (mit Null) bewertet wird, sinnvoll.

Wird Modul D nicht berücksichtigt, verändert sich das Bild deutlich. Die Differenz zwischen Holz- und Stahlbetonbauweise reduziert sich auf nur noch rund 80.000 bis 94.000 kg CO_2-eq. Damit wird deutlich, dass der Vorteil der Holzbauweise zwar bestehen bleibt, jedoch wesentlich geringer ausfällt, wenn die End-of-Life Gutschriften nicht angesetzt werden. Gleichzeitig gewinnt der Transportanteil (Modul A4) in dieser Darstellung spürbar an Bedeutung. Er macht deutlich, dass die Holzbauweise bei weiten Transportdistanzen einen Teil ihres ökologischen Vorteils einbüßt.

Insgesamt zeigen die Ergebnisse somit, dass die Überlegenheit der Holzbauweise im Wesentlichen auf die Gutschriften in den Modulen A1 und D zurückzuführen ist. Die Interpretation der Ergebnisse hängt somit stark von den getroffenen Annahmen zur End-of-Life-Situation ab. Vor allem das Alternativszenario ohne Modul D verdeutlicht, dass eine kritische Reflexion der Bilanzierung zwingend erforderlich ist, um eine Überschätzung der Ergebnisse zu vermeiden. Dennoch bleibt festzuhalten, dass die Holzbauweise auch in diesem kritischen Szenario eine günstigere CO_2-Bilanz aufweist und somit die ökologisch vorteilhaftere Variante darstellt.

5.2.4 Break-Even-Point-Analyse (Alternativszenario)

Zusätzlich zu den regulären Szenarien wurde eine Break-Even-Analyse durchgeführt, um die kritische Transportdistanz zu ermitteln, ab der die CO_2-Emissionen der Holzvariante jene der Stahlbetonvariante übersteigen. In dieser Analyse wurden zwei Ansätze verfolgt: eine generische Betrachtung, die auf einem festgelegten Bauvolumen basiert und nur das Modul A4 betrachtet, sowie eine projektspezifische Betrachtung der beiden untersuchten Tragwerke.

Methodisches Vorgehen

Die Berechnung des Break-Even-Points erfolgte auf Grundlage des im Rahmen dieser Arbeit entwickelten Excel-Tools zur Ermittlung von Transportemissionen. Ergänzend wurde hierfür ein separates Excel-Sheet erstellt, in dem die dem Excel-Tool zugrunde liegende Formel für die Transportemissionen angewendet wurde. Während im regulären Excel-Tool eine feste Transportdistanz als Eingabewert definiert wird, wurde an diesem Excel-Sheet an die Stelle der Distanz eine Laufvariable eingefügt.

Diese Laufvariable wurde zeilenweise automatisch hochgerechnet (z. B. 1000 km, 2000 km usw.), sodass die resultierenden Transportemissionen für jede Distanz neu berechnet wurden. So ließ sich der Punkt ermitteln, an dem die Holzbauweise – abhängig von der gewählten Transportdistanz – die Emissionen der Stahlbetonbauweise überschreitet. Dieses Vorgehen ermöglicht eine systematische und reproduzierte Ermittlung der Break-Even-Punkte, ohne dass Werte manuell variiert werden müssen. Zur Vereinfachung der iterativen Berechnung wurde hierbei ein konstanter Emissionswert von 101 g CO_2-eq./tkm für den Lkw-Transport angenommen. Diese Annahme ist als modellhafte Vereinfachung zu verstehen, da bei sehr weiten Distanzen in der Realität auch andere, emissionsärmere Transportmittel wie Seetransport oder Schienentransport zum Einsatz kämen.

Die Emissionen der einzelnen Bauteile wurden darüber hinaus separat bilanziert. Dabei wurde zwischen Transporten ohne und mit Sondertransport unterschieden. Dadurch konnte der Einfluss erhöhter logistischer Anforderungen realistisch abgebildet werden.

Ergebnisse

1. Generische Break-Even-Analyse (Modul A4): Für die generische Betrachtung wurde ein Tragwerksvolumen von 700 m3 angenommen. Unter Verwendung einer Materialdichte von 385 kg/m^3 für Holz und 2400 kg/m^3 für Stahlbeton ergibt sich ein Break-Even-Point bei einer Transportdistanz zwischen 300 und 325 km. Ab dieser Distanz verursacht die Holzbauweise höhere transportbedingte Emissionen als die Stahlbetonbauweise.
2. Projektspezifische Break-Even-Analyse (Gesamt GWP): In der projektspezifischen Analyse, welche die gesamten Emissionen (A1–D) der untersuchten Tragwerke berücksichtigt, liegt der Break-Even-Point zwischen 16.000 und 17.000 km. Dies verdeutlicht, dass die Holzbauweise selbst bei sehr weiten Transportdistanzen noch deutliche Vorteile aufweist.
3. Sensitivität ohne Modul D: Wird die Gutschrift aus Modul D für die Holzbauweise auf null gesetzt, sinkt der Break-Even-Point deutlich auf einen Wert zwischen 7000 und 8000 km. Dies unterstreicht, dass die Gutschriften aus der End-of-Life-Phase einen erheblichen Anteil am ökologischen Vorteil der Holzbauweise haben.

Das Ergebnis der generischen Break-Even-Analyse ist in Anhang 3.5 und das der projektspezifischen in Abb. 5.8 dargestellt.

Kritische Reflexion
Die Ergebnisse verdeutlichen, dass die Vorteilhaftigkeit der Holzbauweise stark von den zugrunde gelegten Annahmen abhängt. So tritt in der generischen Analyse bereits ab einer Transportdistanz zwischen 300 und 325 km eine Benachteiligung durch höhere Transportemissionen ein, während Holz in der projektspezifischen Gesamtbilanz (A1–D) auch bei Transportwegen von über 10.000 km im Vorteil bleibt. Ohne Berücksichtigung von Modul D verringert sich dieser Vorsprung jedoch deutlich und der Break-Even-Point liegt bereits zwischen 7.000 und 8.000 km.

Ein Abgleich mit der Literatur bestätigt die Plausibilität dieser Ergebnisse. So ermittelten Gu., H. et al. [6] in ihrer Studie einen Break-Even-Point bei rund 320 km, was nahezu dem in der vorliegenden Arbeit berechneten Wert von knapp über 300 km entspricht. Dies unterstreicht, dass die generische Betrachtung der Transportdistanzen für Holz und Stahlbeton in einem realistischen Korridor erfolgt und die Resultate mit unabhängigen Studien konstant sind.

Insgesamt zeigt sich:

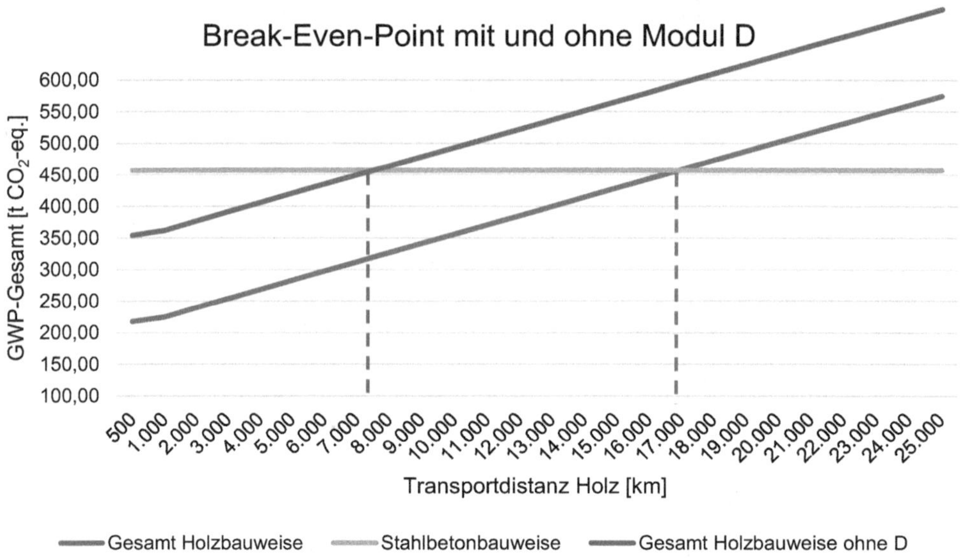

Abb. 5.8 Projektspezifische Break-Even-Analyse (Gesamt GWP, A1–D). (Eigene Darstellung)

- das CO_2-Speicherpotenzial von Holz (Modul A1) und
- Die Gutschriften in Modul D,

einen entscheidenden Einfluss auf die Ergebnisse haben. Die ermittelten Break-Even-Punkte sind daher nicht als absolute Schwellenwerte zu verstehen, sondern als Orientierungsgrößen, die die Sensitivität der Ergebnisse verdeutlichen. Zudem ist zu beachten, dass diese Ergebnisse sich bei der Abbildung einer gesamten Transportkette (Lkw, Schiff, Umschlag usw.) verändern können.

5.2.5 Bewertung der Höhe der Transportemissionen

Wie in Kap. 4 erläutert, existieren bislang keine etablierten Bewertungsmechanismen zur Einordnung von Transportemissionen im Kontext von Ökobilanzen. Um dennoch eine systematische Einschätzung vorzunehmen, wurde eine eigene Ampellogik entwickelt, mit der die Transportemissionen nach ihrem prozentualen Anteil am Gesamt-GWP bewertet werden (vgl. Abschn. 4.1).

Die Anwendung dieser Bewertungsmethodik auf die in den Szenarien untersuchten Tragwerksvarianten zeigt deutliche Unterschiede (siehe Tab. 5.5). Während die Transportemissionen in der Stahlbetonbauweise mit rund 3 % des Gesamt-GWP als unkritisch einzustufen sind, erreichen die Holzbauweisen in den Szenarien 2 bis 4 Werte zwischen 8 und 10 %. Damit fallen sie in den gelben bis roten Bereich der Bewertungsskala. Besonders hervorzuheben ist Szenario 3, da der Anteil der Transportemissionen hier 10 % des Gesamtwertes erreicht und somit klar als kritisch einzustufen ist.

Ein Sonderfall ergibt sich, wenn in Szenario 1 die Gutschrift aus Modul D nicht berücksichtigt wird. In diesem Fall sinkt der relative Anteil der Transportemissionen von ca. 5 % auf etwa 3 %. Durch ergibt sich eine vergleichbare Bewertung wie bei der Stahlbetonbauweise. Der Unterschied erklärt sich dadurch, dass das Gesamt-GWP der Holzkonstruktion steigt, sobald Modul D keine Gutschrift enthält. Da die Transportemissionen (A4) in beiden Fällen konstant bleiben, reduziert sich ihr prozentualer Anteil am Gesamtwert, sobald die Gutschrift entfällt. Dies ist eine zentrale Erkenntnis, da sie verdeutlicht, dass Modul A4 nicht isoliert, bewertet werden kann, sondern im Verhältnis zu anderen Modulen, insbesondere Modul D, betrachtet werden muss.

Die Ergebnisse zeigen für die Betonbauweise, dass die Transportemissionen bei der angenommenen Distanz von 50 km im Verhältnis zum Gesamten-GWP sehr gering ausfallen. Allerdings ist zu beachten, dass diese Annahme nicht für alle Regionen Deutschlands realistisch ist. Wird die Transportdistanz deutlich überschritten, steigt der relative Anteil der Transportemissionen entsprechend an (vgl. Diskussion, Abschn. 5.2).

Ein Vergleich mit bisherigen Studien zeigt, dass die hier ermittelten Transportemissionen deutlich über den Emissionen der Hallenstudie von Gensch et al. [5] liegen, jedoch

Tab. 5.5 Übersicht der Szenarien – Anteil der Transportemissionen am Gesamt-GWP, Bewertung und Kommentare. (Eigene Darstellung)

Szenario	Anteil A4 am Gesamt-GWP	Bewertung	Kommentar
Szenario 1 Holzbauweise	ca. 5 %		Transportemissionen gering, Wert erscheint erheblich wegen hoher Gutschrift in A1 und D
Szenario 2 Holzbauweise	ca. 8 %		Deutlich höherer Anteil, Transport gewinnt an Relevanz
Szenario 3 Holzbauweise	ca. 10 %		Hoher Anteil von Transportemissionen
Szenario 4 Holzbauweise	ca. 8 %		Gleiche Distanz wie Szenario 3, mit Bahntransport allerdings niedriger
Stahlbetonbauweise	ca. 3 %		Transportemissionen gering
Szenario 1 Holzbauweise ohne Modul D	ca. 3%		Geringerer Anteil an Transportemissionen, wenn Modul D = 0

zum Teil deutlich unter den Werten, die Braune, A. [1] annimmt. Gleichzeitig bestätigen die Ergebnisse auch Braunes Hypothese, dass Anteile bis zu 10 % durchaus realistisch sind – insbesondere, wenn Fertigteile über weite Strecken transportiert werden müssen. Ein Abgleich mit der Studie von Gu, H. et al. [6] zeigt zudem, dass die Transportemissionen im Modul A4 bei lokalen Transportdistanzen von etwa 320 km rund 5 % der Gesamtbetrachtung der Module A1–A5 ausmachen. Mit zunehmender Distanz steigt dieser Anteil weiter an.

Eine zentrale Erkenntnis dieser Bewertung ist, dass der Anteil der Transportemissionen selbst bei weiten Distanzen relativ gering bleibt und in der Regel weniger als 10 % des Gesamt-GWP ausmacht. Dies unterstreicht, dass die wesentlichen CO_2-Emissionstreiber in anderen Lebenszyklusphasen bzw. -modulen, insbesondere in der Herstellung (Module A1–A3) oder in der Nutzung, liegen. Deren Einfluss übersteigt den der Transporte deutlich – vor allem, wenn potenzielle Gutschriften aus Modul D die Gesamtbilanz beeinflussen.

In der Tab. 5.5 sind die Ergebnisse der Bewertung enthalten. Zusätzlich wurde für Szenario 1 geprüft, wie signifikant der Anteil von A4 ist, wenn nur die Module A1–A5 betrachtet werden. In diesem Fall hat das Modul A4 einen Anteil von 3 %. Ein Interessante Erkenntnis daran ist, dass der Anteil geringer erscheint, da für die Module A1–A3 und A5 negative Werte vorliegen. Das heißt die Transportemissionen schmälern die Gutschrift in der Herstellung mit steigender Transportdistanz. Die Ergebnisse lassen sich den Werten anderer Studien zuordnen und zeigen somit, dass dieser erste Ansatz Potenzial zur Weiterentwicklung bietet, um die Bewertung von Transportemissionen zu optimieren.

Am Ende dieses Kapitels wird deutlich, dass Transportemissionen je nach Bauweise, Transportdistanz und Berücksichtigung weiterer Module wie D eine sehr unterschiedliche Bedeutung für die Gesamtbilanz haben können. Während sie bei kleineren Distanzen eine eher untergeordnete Rolle spielen, können sie insbesondere bei größeren Distanzen eine höhere Bedeutung haben.

Damit stellt sich die zentrale Frage, unter welchen Bedingungen welche Bauweise ökologisch vorteilhaft ist und wie die gewonnenen Erkenntnisse in der Planungspraxis genutzt werden können. Diese Überlegung bildet den Ausgangspunkt für das folgende Kapitel.

5.3 Einordnung der Szenarien und Implikationen für die Planungspraxis

Zusammenfassung der Ergebnisse

Die Holzbauweise hat in allen Szenarien einen niedrigeren Gesamt-GWP als die Stahlbetonbauweise. Dieser Vorteil beruht hauptsächlich auf den Gutschriften aus Modul A1 und D. Ohne diese reduziert sich der Vorteil deutlich, aber es kommt nicht zu einem Umschlagen zugunsten von Stahlbeton. Die projektspezifische Break-Even-Analyse ergab, dass dies erst bei über 10.000 km Transportdistanz der Fall wäre. Im Gegensatz dazu liegt der generische Break-Even-Punkt (nur Modul A4) bei knapp über 300 km, was die Plausibilität der Methodik belegt (vgl. [6]).

Die Transportemissionen (Modul A4) der Holzbauweise sind bei nicht-regionalen Distanzen höher als die der Stahlbetonvariante, da für Beton eine kurze Distanz von 50 km angenommen wurde. Die separate Auswertung in Abschn. 5.2.2 zeigt, dass die Transportemissionen in EPD-Werten oft zu niedrig sind, weil für sie pauschale Annahmen und fixe Distanzen festgelegt sind. Im Gegensatz dazu liefern das eigene Excel-Tool und die Software auf der normativen Grundlage einer massenbasierten Berechnung realitätsnähere Ergebnisse, da sie auch Sondertransporte, Leerfahrten und Distanzfaktoren, sowie die tatsächliche Distanz berücksichtigen [9].

In den Szenarien 1, 2 und 4 liegen die Transportemissionen bei der Holzbauweise unter 10 % des Gesamt-GWP; nur Szenario 3 überschreitet diesen Wert und wird als kritisch eingestuft. Eine wichtige Erkenntnis ist, dass das Gesamt-GWP der Holzkonstruktion steigt, wenn die Gutschrift aus Modul D entfällt. In diesem Fall verringert sich der prozentuale Anteil der Transportemissionen am Gesamtwert, was zeigt, dass Modul A4 nicht isoliert, betrachtet werden kann.

Implikationen für die Planungspraxis

Die Ergebnisse zeigen, dass Transportemissionen in der Planung nicht vernachlässigt werden dürfen. Für die Praxis ergeben sich daraus mehrere Konsequenzen:

- Frühzeitige Berücksichtigung in der Planung: Da sich Materialwahl und Transportorganisation unmittelbar auf die Ökobilanz auswirken, sollten sie gemeinsam betrachtet werden.
- Regionale Verfügbarkeit der Baustoffe: Während Betonwerke häufig in räumlicher Nähe vorhanden sind, ist zu beachten, dass auch spezialisierte Betonfertigteilwerke und die Holzbauweise längere Transportwege erfordern können. Dies kann den ökologischen Vorteil des Holzes beeinflussen, vor allem wenn keine Wiederverwertung (Modul D) gesichert ist.
- Wahl des Transportmittels: Bahntransporte sind eine wirksame Möglichkeit, Transportemissionen zu reduzieren. Ihr ökologischer Vorteil ist jedoch an den verwendeten Strommix gekoppelt. In Deutschland stammt der Bahnstrom bereits zu einem hohen Anteil aus erneuerbaren Energien, was diese Option besonders attraktiv macht. Bahntransporte sollten daher bei größeren Bauprojekten, insbesondere im Holzbau, stärker in den Fokus rücken.
- Bedeutung von Modul D: Der ökologische Vorteil des Holzbaus hängt entscheidet davon ab, dass Holz am Ende seines Lebenszyklus energetisch oder stofflich verwertet wird. Ohne diese Gutschriften wäre der Vorsprung gegenüber Stahlbeton deutlich geringer. Daher sollte auch immer betrachtet werden, wie das Holz nach seiner Lebensdauer gehandhabt werden soll.

- Ganzheitliche Betrachtung notwendig: Transportemissionen sind ein relevanter aber nicht allein ausschlaggebender Faktor. Sie müssen im Kontext aller Lebenszyklusphasen bewertet werden, um eine fundierte Entscheidungsgrundlage zu schaffen.

Die Szenarien verdeutlichen, dass ökologische Vorteile nur realisiert werden können, wenn Lieferketten, Transportorganisationen und Materialwahl frühzeitig aufeinander abgestimmt werden. Für Bauherren und Planer bedeutet dies, dass neben der Bauweise auch die regionale Verfügbarkeit und die logistische Umsetzung entscheidend sind, um CO_2-Einsparungen im Gebäudesektor zu realisieren.

Die im Anwendungsbeispiel gewonnenen Ergebnisse und die daraus abgeleiteten Implikationen bilden die Grundlage für die nachfolgende kritische Diskussion, in der die Methodik, ihre Grenzen und die Übertragbarkeit der Resultate reflektiert werden.

Literatur

1. Braune, A. Benchmarks für die Treibhausgasemissionen der Gebäudekonstruktion – Ergebnisse einer Studie mit 50 Gebäuden, Deutsche Gesellschafft für nachhaltiges Bauen e. V., 2021.
2. Bundesministerium für Wohnen, Stadtentwicklung und Bauwesen Ökobaudat – Informationsportal Nachhaltiges Bauen. Online-Datenbank. Verfügbar unter: https://www.oekobaudat.de/, 08.08.2025.
3. CarbonCare https://www.carboncare.org/, 05.08.2025.
4. Deutsches Institut für Normung e. V. DIN EN 15804:2022-03, Nachhaltigkeit von Bauwerken – Umweltproduktdeklarationen – Grundregeln für die Produktkategorie Bauprodukte, Beuth Verlag, Berlin.
5. Gensch, C. et al. Vergleichende Ökobilanz von Varianten einer Hallenkonstruktion. Öko-Institut e. V., Freiburg im Breisgau, 2024.
6. Gu, H. et al. Comparative life-cycle assessment of a mass timber building and concrete alternative. Wood and Fiber Science, Band 52, Heft 2, 2020.
7. Institut für Energie- und Umweltforschung https://www.ifeu.de/methoden-tools/modelle/tremod, 10.07.2025.
8. Kaufland Stiftung GmbH & Co. KG Interne Quelle der Kaufland Stiftung GmbH & Co. KG.
9. Mayer, A. Modularer Wohnungsbau im Vergleich zum konventionellen Wohnbau: Eine ganzheitliche Nachhaltigkeitsanalyse, Masterarbeit, Technische Universität Wien, Wien, 2023. Bibliothekskatalog: AC16971033.
10. Schmied, M. Carbon Footprint – Teilgutachten „Monitoring für den CO_2-Ausstoß in der Logistikkette“, Umweltbundesamt, Texte 29/2012, 2012.
11. Straczek-Helios, P. Transportlogistik im Bauwesen, Masterarbeit, Technische Universität Wien, Wien, 2005. Bibliothekskatalog: AC05037687.
12. Wood Products in Germany https://oec.world/en/profile/bilateral-product/wood-products/reporter/deu, 24.07.2025.
13. Woodworks https://www.woodworks.org/resources/how-to-include-biogenic-carbon-in-an-lca/, 24.07.2025.

Diskussion und Übertragbarkeit 6

6.1 Kritische Reflexion der Methodik und Annahmen

Transportdistanzen und Standortfaktoren

Für die Beispielrechnung wurden pauschale Transportdistanzen von 40–50 km für Beton angesetzt, wie sie auch in EPDs und Literaturquellen üblich sind (vgl. [5, 6] und Abschn. 4.2). Diese Annahme dient der Vergleichbarkeit, bildet jedoch die tatsächliche Standortvielfalt nicht ab. In der Praxis können die Transportwege regional erheblich variieren, insbesondere wenn nur wenige spezialisierte Hersteller für Beton- oder Holztragfertigteile verfügbar sind. Längere Distanzen würden die Ergebnisse entsprechend verändern, sodass die hier dargestellten Werte als Modellannahme zu verstehen sind und stets projektspezifisch überprüft werden müssen.

Wahl der Berechnungsmethode

Die Methodik orientiert sich an einer massenbasierten Berechnung in Tonnenkilometern, da diese Einheit für großvolumige Bauteile wie Binder oder Fundamente im Bauwesen besonders relevant ist. Auch gängige Emissionsfaktoren in Datenbanken [2] und EPDs beruhen auf dieser Logik. Für kleinere Transporte, etwa im Innenausbau, können hingegen fahrtenbasierte Ansätze sinnvoll sein (vgl. [5]). Beide Methoden liefern zwar vergleichbare Ergebnisse, unterscheiden sich jedoch darin, ob die Masse oder Fahrleistung den Ausgangspunkt bildet.

Anwendungsbereich der Methodik

Im Rohbau entfaltet die Methodik ihr volles Potenzial, da sie für die exakte Berechnung von Massivbauteilen optimiert ist, bei denen große Lasten und ein hohes Eigengewicht die wesentlichen Bemessungsfaktoren sind. Insbesondere bei großformatigen Tragwerkselementen lassen sich die Transportemissionen auf Basis von Tonnage und Transportdistanz

M. Lambrecht, *Vom Werk zur Baustelle*, Entwicklung neuer Ansätze zum nachhaltigen Planen und Bauen, https://doi.org/10.1007/978-3-658-51426-6_6

nachvollziehbar und vergleichbar darstellen. Für den Innenausbau ist hingegen eine wesentlich detailliertere und differenziertere Bilanzierung erforderlich, da dort zahlreiche kleinteilige Materialien mit geringen Einzelmassen zum Einsatz kommen, die unterschiedliche Transportwege und Verpackungseinheiten erfordern. In diesem Bereich sind spezifisch aufgeschlüsselte Berechnungen, wie sie bspw. von Mayer, A. [5] vorgeschlagen werden, notwendig, um realistische Ergebnisse zu erzielen. Von diesem Hintergrund ist das Excel-Tool für den Rohbau ein praxisnahes Hilfsmittel, es offenbart jedoch methodische Schwächen im Hinblick auf den Innenausbau. Für die hier durchgeführte Beispielbetrachtung des Tragwerks wirkt sich diese Einschränkung nicht nachteilig aus. Dennoch besteht Potenzial zur Erweiterung und Anpassung des Ansatzes für komplexere Bauphasen.

Einfluss von Modul D

Ein wesentlicher Unsicherheitsfaktor ergibt sich aus den Gutschriften des Moduls D, da der ökologische Vorteil der Holzbauweise maßgeblich von der energetischen oder stofflichen Verwertung am Lebensende abhängt. Da diese Pfade jedoch mehrere Jahrzehnte im Voraus kaum vorhersehbar sind, besteht eine erhebliche Unsicherheit. Zwar kann die thermische Verwertung fossile Energieträger ersetzen, jedoch darf nicht außer Acht gelassen werden, dass dabei unmittelbar CO_2 in die Atmosphäre freigesetzt wird. Die oft herangezogene Argumentation der Klimaneutralität basiert zwar auf der langfristigen Bilanz des Kohlenstoffkreislaufs, ändert jedoch nichts an der unmittelbar entstehenden CO_2-Emission [7]. Eine stoffliche Wiederverwendung generiert hingegen tatsächliche Gutschriften, während eine Deponierung keine Vorteile bietet. Der Einfluss von Modul D auf die Gesamtbilanz ist somit erheblich und muss bei der Interpretation der Ergebnisse stets berücksichtigt werden.

Datenbasis und EPDs

Idealerweise werden gemäß den Normen Primärdaten genutzt. In der Praxis müssen jedoch häufig Sekundärdaten aus TREMOD oder der HBEFA herangezogen werden. Diese sind nur eingeschränkt vergleichbar. Unterschiede ergeben sich aus variierenden Emissionsfaktoren, Kraftstoffmischungen oder intransparenten Annahmen zu Leerfahrten und Teilauslastungen. Die Break-Even-Analyse zeigt, wie sensibel die Ergebnisse auf die gewählte Datenquelle reagieren: Eine Neuberechnung mit den abweichenden Werten von Softwarelösungen wie CarbonCare oder anderen Emissionskennwerten wie des ÖUBA, würden die kritischen Transportdistanzen voraussichtlich deutlich verschieben. Die Sensitivität der Resultate wird dadurch unterstrichen. Die Datenbasis sollte daher stets kritisch hinterfragt und wo möglich durch unternehmensspezifische Primärdaten ergänzt werden. Zu betonen ist, dass die hier präsentierten Ergebnisse auf Sekundärdaten (nach TREMOD) basieren. Die Verwendung realer Verbrauchsaufzeichnungen von Speditionen würde zu präzisieren, potenziell, aber auch abweichenden Ergebnissen führen. Ein Abgleich mit weiteren Softwaretools könnte zudem dabei helfen, die wesentlichen Ergebnisdifferenzen zu identifizieren und den Hauptverursacher der Abweichungen präzise zu bestimmen.

Systemgrenzen

Die Untersuchung beschränkte sich bewusst auf die Module A2 und A4. Transporte im Rückbau (C2) oder in anderen Modulen wurden nicht berücksichtigt. Methodisch ist das Excel-Tool jedoch nicht auf diese Module limitiert. Da die Berechnung auf dem universellen Prinzip der tkm basiert, können ebenso die Transporte des Moduls C2 problemlos bilanziert werden. Eine weitere methodische Einschränkung liegt in der Datenbasis der EPDs. Da viele Baustoffe über volumenbasierte Einheiten deklariert werden, müssen die Transportemissionen rechnerisch auf diese Einheit umgelegt werden. Dies führt zu Abweichungen gegenüber massenbasierten Ansätzen und erschwert die Vergleichbarkeit. Entsprechend bestehen teils erhebliche Differenzen zwischen den EPD-Werten und den in dieser Arbeit ermittelten Ergebnissen (vgl. Abschn. 5.2.2). Die fehlende Transparenz und die uneinheitliche Methodik erklären auch, wieso die Module A2 und A4 bislang häufig unberücksichtigt bleiben.

Optionaler Bewertungsansatz

Ein zusätzlicher Impuls ergibt sich aus der in Abschn. 4.1 beschriebenen Ampellogik, die in der Ergebnisanalyse (Abschn. 5.2.5) bereits ausführlich analysiert wurde. Sie bewertet die relative Bedeutung des Moduls A4 im Verhältnis zum gesamten GWP-Wert. Die Ergebnisse haben gezeigt, dass bei Holz das Modul A4 bereits bei kurzen Transportwegen als „Gelb“ eingestuft wird, was bei Beton nicht der Fall ist. Dies basiert darauf das Holz aufgrund der Gutschriften in A1 und D einen deutlich niedrigen GWP aufweist als Beton und dadurch der Anteil an A4 „größer“ erscheint. Diese Betrachtung verdeutlicht eine Schwäche des Ansatzes, da Gutschriften bei der Bewertung nicht berücksichtigt werden. Die Ampellogik ist daher nicht als absolutes Bewertungsinstrument zu verstehen. Ihre Stärke liegt vielmehr darin, auf einen Blick zu visualisieren, ob die Transportemissionen einen relevanten Optimierungshebel darstellen oder ihre Anteile marginal sind. Bei einer praktischen Anwendung sollte diese Einschränkung stets berücksichtigt und in zukünftigen Arbeiten vertieft untersucht werden. Alternativ wäre auch eine alleinige Betrachtung der Module A1–A5 denkbar, so wie es auch Gu, H. et al. [4] gemacht haben. Da A1 bei Holz aber auch negative Werte enthalten kann, ist das ebenfalls kritisch zu betrachten. Um den relativen Anteil von Modul A4 unverzerrt darzustellen, müsste die Gutschrift aus Modul D als absoluter Betrag zu den Emissionen der übrigen Module addiert werden. Erst diese Summe aller absoluten Emissionswerte bildet einen realistischen Bezugswert.

6.2 Übertragbarkeit auf andere Gebäudetypen

Die entwickelte Methodik ist nicht nur auf Einzelhandelsimmobilien beschränkt, sondern kann prinzipiell für verschiedene Gebäudetypen und Bauteile angewendet werden. Da die Berechnungslogik auf der Masse basiert, eignet sich das Excel-Tool insbesondere für großvolumige, schwere Elemente, wie sie im Rohbau üblich sind. Kleinteilige Materialien mit geringer Masse, wie Schrauben, Schienen oder Fugenkleber, werden in der Praxis dagegen häufig zusammen mit anderen Baustoffen transportiert. Diese lassen sich mit dem gewählten Ansatz nur eingeschränkt abbilden. Für den Innenausbau sind daher detailliertere, stärker aufgeschlüsselte Berechnungen notwendig.

Das primäre Anwendungsfeld liegt somit im Bereich von Tragwerkskonstruktionen und Fertigteilbauten. Einzelhandelsimmobilien mit großen Verkaufsflächen, die typischerweise auf Betonfertigteile setzen, können ebenso abgebildet werden wie Lager- und Logistikgebäude, deren Tragwerke häufig in vergleichbarer Bauweise erstellt werden. Auch der Einsatz im Modulbau ist denkbar. Wie Mayer gezeigt hat, lassen sich ganze Raummodule über ihre Masse bilanzieren [4]. Für Unternehmen, die Raummodule herstellen, stellt diese Methodik daher ein praktikables Werkzeug dar, da die relevanten Massenwerte in der Regel bekannt sind. Besonders bei großvolumigen Projekten mit standardisierten Bauteilen entfaltet das Excel-Tool seine Stärken, da vorhandene Massenangaben eine schnelle und belastbare Berechnung ermöglichen. Bei kleineren Projekten mit zahlreichen Einzelelementen stößt der Ansatz hingegen an seine Grenzen, da dort häufig keine vollständige Massendaten vorliegen und eine differenzierte Erfassung erforderlich ist.

Von Vorteil ist zudem, dass mit dem Excel-Tool unvollständige oder fehlende Angaben in EPDs [2] ergänzt, werden können. Dadurch lassen sich verlässlichere Vergleichen zwischen Materialien ziehen und Entscheidungen in früheren Planungsphasen fundierter treffen. Insbesondere für Bauherren mit eigener Bauabteilung, für Planende sowie für Forschende im Bereich der Lebenszyklusanalyse bietet das Excel-Tool somit eine flexible Einsatzmöglichkeit. Einschränkend ist jedoch festzuhalten, dass aktuell vor allem der Rohbau realistisch abgebildet werden kann, während für den Innenausbau differenziertere Ansätze erforderlich sind.

6.3 Einfluss weiterer Lebenszyklusphasen

In der vorliegenden Arbeit liegt der Fokus auf dem Transportmodul A4, wobei Transportemissionen grundsätzlich in verschiedenen Lebenszyklusphasen auftreten und in enger Wechselwirkung mit anderen Modulen stehen. In vielen EPDs werden Emissionen aus A2 gemeinsam mit A1 und A3 angegeben. Dadurch entstehen direkte Abhängigkeiten und eine eingeschränkte Vergleichbarkeit. Darüber hinaus können Gutschriften aus Modul D oder vorteilhafte Eigenschaften einzelner Materialien die Transportemissionen in der Gesamtbilanz überlagern und somit das Ergebnis verzerren.

Ein weiterer Aspekt betrifft die Langlebigkeit der Baustoffe [1]. Materialien mit höherer Beständigkeit erfordern während der Nutzungsphase weniger Instandhaltungs- und Instandsetzungsmaßnahmen. Weniger dauerhafte Baustoffe hingegen verursachen zusätzliche Transporte für Reparaturen oder den Austausch von Bauteilen. So weist Holz aufgrund seines geringeren Gewichts zwar niedrigere Transportemissionen in Modul A4 auf, gleichzeitig können jedoch in den Modulen B2 (Instandhaltung) und B3 (Instandsetzung) zusätzliche Transporte anfallen. Somit wird deutlich, dass ein Vergleich zwischen Baustoffen nur im Kontext des gesamten Lebenszyklus sinnvoll ist. Denn gemäß DIN EN 15978 beeinflussen alle Module die Ökobilanz und können sowohl positive als auch negative Beiträge leisten [3].

In dieser Arbeit wurde das Modul C2, nicht berücksichtigt. Am Ende der Lebensdauer entsteht durch die anfallenden Materialmasse ein erneuter Transportbedarf, dessen Umfang je nach Szenario erheblich variieren kann. Die Untersuchung dieses Moduls ist für weiterführende Arbeiten relevant, da sie die Gesamtbilanz maßgeblich beeinflussen kann.

Nach dieser kritischen Auseinandersetzung mit der Methodik und ihren Implikationen werden im abschließenden Kapitel die zentralen Ergebnisse zusammengefasst und ein Ausblick auf zukünftige Potenziale gegeben.

Literatur

1. Bundesinstitut für Bau-, Stadt- und Raumforschung https://www.nachhaltigesbauen.de/austausch/nutzungsdauern-von-bauteilen/, 25.08.2025.
2. Bundesministerium für Wohnen, Stadtentwicklung und Bauwesen https://www.oekobaudat.de/no_cache/datenbank/suche.html, 08.08.2025.
3. Deutsches Institut für Normung e. V. DIN EN 15978:2024-05, Nachhaltigkeit von Bauwerken – Bewertung der Umweltleistung von Gebäuden – Methodik, Beuth Verlag, Berlin.
4. Gu, H. et al. Comparative life-cycle assessment of a mass timber building and concrete alternative. Wood and Fiber Science, Band 52, Heft 2, 2020.
5. Mayer, A. Modularer Wohnungsbau im Vergleich zum konventionellen Wohnbau: Eine ganzheitliche Nachhaltigkeitsanalyse, Masterarbeit, Technische Universität Wien, Wien, 2023. Bibliothekskatalog: AC16971033.
6. Straczek-Helios, P. Transportlogistik im Bauwesen, Masterarbeit, Technische Universität Wien, Wien, 2005. Bibliothekskatalog: AC05037687.
7. Woodworks https://www.woodworks.org/resources/how-to-include-biogenic-carbon-in-an-lca/, 24.07.2025.

Fazit und Ausblick

7

7.1 Zusammenfassung der Ergebnisse

Das Ziel dieser Arbeit bestand darin, den Einfluss von Transportemissionen auf die CO_2-Bilanz von Tragwerkskonstruktionen systematisch zu untersuchen und eine Methodik für deren Integration in die Ökobilanzierung zu entwickeln. Die Forschungsfragen wurden anhand eines Tragwerksvergleiches zweier Einzelhandelsimmobilien untersucht und können wie folgt beantwortet werden:

1. **Anteil der Transportemissionen an der Gesamt-CO_2-Bilanz (Modul A4):** Die Analyse hat gezeigt, dass dieser Anteil stark von der Wahl des Baustoffes und vor allem von der Transportdistanz abhängt. Bei der Stahlbetonbauweise fiel der Anteil mit ca. 3 % am Gesamt-GWP bei einer angenommenen regionalen Belieferung (50 km) vergleichsweise gering aus. Im Gegensatz dazu zeigte die Holzbauweise eine deutlich höhere Sensitivität gegenüber der Transportentfernung. Während der Anteil bei regionaler Beschaffung noch moderat war, stieg er in Szenarien mit weiten Transportwegen auf bis zu 10 % des Gesamt-GWP an (vgl. Tab. 5.5).

   Diese Ergebnisse führen zu einer wichtigen Schlussfolgerung: Obwohl die Transportemissionen den ökologischen Vorteil von Holz schmälern können, zeigt ihr relativ geringer Anteil von maximal 10 % (bzw. 3 % bei Stahlbeton) vor allem eines: Der entscheidende Hebel zur Reduktion des GWP liegt nicht primär in der Optimierung der Transportlogistik, sondern in der Substitution emissionsintensiver Baustoffe. Die Notwendigkeit, die Forschung nach und den Einsatz von Alternativen zur konventionellen Stahlbetonbauweise zu forcieren, wird dadurch umso deutlicher.

M. Lambrecht, *Vom Werk zur Baustelle*, Entwicklung neuer Ansätze zum nachhaltigen Planen und Bauen, https://doi.org/10.1007/978-3-658-51426-6_7

2. **Break-Even-Punkt des ökologischen Vorteils von Holzkonstruktionen:** Der ökologische Vorteil der Holzbauweise gegenüber Stahlbeton ist robuster als zunächst angenommen. Er hängt jedoch entscheidend von den Systemgrenzen der Bilanzierung ab. Eine rein auf die Transportemissionen (Modul A4) fokussierte generische Break-Even-Analyse zeigte, dass der Vorteil von Holz bereits bei einer Distanz von etwas mehr als 300 km umschlägt (Annahme A4 für Beton = 50 km). Wird jedoch die gesamte Ökobilanz der Projekte betrachtet (unter Betrachtung der Abgrenzung in Abschn. 5.2), liegt der Break-Even-Point erst bei unrealistisch hohen Distanzen von über 15.000 km. Dies ist hauptsächlich auf die hohen CO_2-Gutschriften aus der Holznutzung (Modul A1) und insbesondere aus der angenommenen Wiederverwertung am Lebensende (Modul D) zurückzuführen. Wird die Gutschrift aus Modul D spezifisch bei der Holzbauweise außer Acht gelassen, sinkt der Break-Even-Point auf ca. 7000–8000 km. Dies unterstreicht die immense Bedeutung der End-of-Life-Szenarien für die Gesamtbewertung.
3. **Entwicklung einer anwendungsfreundlichen Methodik:** Im Rahmen dieser Arbeit wurde ein Excel-Tool entwickelt, das eine transparente und nachvollziehbare Bilanzierung von Transportemissionen ermöglicht. Die Methodik basiert auf normativen Vorgaben der DIN EN ISO 14083 und nutzt den Tonnenkilometer (tkm) als zentrale Bezugsgröße. Das Excel-Tool erlaubt die flexible Eingabe projektspezifischer Parameter wie Material, Distanz und Transportmittel und ermöglicht so eine realitätsnahe Szenarienanalyse. Die Anwendung hat gezeigt, dass ein solches Vorgehen notwendig ist, um die Lücken in den EPD-Daten zu schließen.
4. **Transparenz von EPDs und Abweichungen zur eigenen Berechnung:** Die Untersuchung von EPDs bestätigte die Annahme, dass die Angaben zu den Transportmodulen A2 und A4 oft intransparent oder unvollständig sind. Insbesondere für das Modul A4 fehlen häufig Angaben oder sie basieren auf pauschalen, oft zu niedrigen Annahmen (z. B. kurze Distanzen, volumenbasierte statt massenbasierte Berechnung). Ein Vergleich der mit dem entwickelten Excel-Tool berechneten, projektspezifischen Emissionen mit den deklarierten EPD-Werten zeigte, dass die berechneten Werte signifikant höher ausfielen. Dies belegt, dass eine unkritische Übernahme von EPD-Daten zu einer systematischen Unterschätzung der tatsächlichen Transportemissionen führen kann.

Zusammenfassend lässt sich festhalten, dass die Holzbauweise auch bei weiten Transportwegen in der Gesamtbilanz ökologisch vorteilhaft bleibt, dieser Vorteil jedoch stark von den Gutschriften aus anderen Modulen (u. a. Modul D) abhängt. Transportemissionen sind ein relevanter Faktor, der insbesondere bei globalen Lieferketten nicht vernachlässigt werden darf und eine transparente, projektspezifische Berechnung erfordert.

7.2 Anwendungspotenzial in der Praxis

Die in dieser Arbeit entwickelte Methodik sowie das daraus resultierende Excel-Tool bieten ein erhebliches Anwendungspotenzial für verschiedene Akteure im Bauwesen. Das Excel-Tool dient als praxisnahes Instrument, um die oft vernachlässigten Transportemissionen greifbar zu machen und fundierte Entscheidungen zu treffen.

- Das Excel-Tool ist eine Entscheidungshilfe in frühen Planungsphasen: Architekten, Planer und Bauherren können das Excel-Tool nutzen, um bereits in der Entwurfsphase die ökologischen Auswirkungen des Transports verschiedener Material- und Konstruktionsvarianten zu vergleichen. Die schnelle Analyse von Transportemissionen für Baustoffe wie Holz, Beton oder Stahl ermöglicht eine frühzeitige Optimierung von Lieferketten oder Materialwahl.
- Schließung von Datenlücken in EPDs: Das Excel-Tool fungiert als Ergänzung und Kontrollinstrument für bestehende Ökobilanzen. Da EPDs oft unzureichende Angaben zu den Transportmodulen A2 und A4 enthalten, können Planer mithilfe des Excel-Tools realitätsnahe, projektspezifische Werte ermitteln und so die Genauigkeit und Transparenz der gesamten CO_2-Bilanz eines Gebäudes erhöhen.
- Szenarienanalyse für die Logistikplanung: Mithilfe dieser Analyse können Bauunternehmen und Logistikplaner verschiedene Transportszenarien (z. B. regionaler vs. überregionaler Bezug, Lkw vs. Bahn) analysieren, um die emissionsärmste Lieferoption zu ermitteln. Dies unterstützt eine nachhaltige Beschaffung und kann zur Erreichung von Unternehmenszielen im Bereich Nachhaltigkeit beitragen.
- Übertragbarkeit auf andere Gebäude: Obwohl die Methodik am Beispiel von Einzelhandelsimmobilien validiert wurde, lässt sie sich direkt auf andere Gebäudetypen mit einem hohen Anteil an massiven Tragwerks- oder Fertigteilen übertragen. Dazu zählen insbesondere Logistik- und Industriehallen, aber auch der Modulbau, bei dem ganze Raummodule transportiert werden müssen.

Insgesamt leistet die Arbeit einen Beitrag zur Sensibilisierung für das Thema Transportemissionen und stellt ein konkretes Werkzeug bereit, das die Lücke zwischen theoretischen Normen und der praktischen Anwendung in der Bau- und Planungspraxis schließt.

7.3 Ausblick

In der vorliegenden Arbeit wurde die Relevanz transportbedingter CO_2-Emissionen im Bauwesen aufgezeigt und eine Methodik zu deren Bewertung entwickelt. Darauf aufbauend ergeben sich folgende weiterführende Forschungs- und Handlungsfelder:

- **Systematische Defizite in EPDs untersuchen:** Die im Modul A4 festgestellten Transparenzdefizite legen den dringenden Verdacht nahe, dass Transportmodule in EPDs systematisch unterschätzt werden könnten. Zukünftige Forschung sollte daher untersuchen, ob dies auch für den Rohstofftransport (A2) und den Rückbautransport (C2) bei realen, weiten Distanzen gilt. Dies könnte die Notwendigkeit einer grundlegenden methodischen Anpassung bei der EPD-Erstellung untermauern, um Transportaufwände zukünftig realistischer und vergleichbarer abzubilden.
- **Verknüpfung von Ökologie und Ökonomie:** Ein erhebliches Potenzial liegt in der Verknüpfung der entwickelten Methodik mit ökonomischen Bewertungen. So könnte die Berechnungslogik des Excel-Tools direkt mit bestehenden Kostenrechnungssystemen verbunden werden, die ebenfalls auf Volumen- und Massendaten basieren. Dadurch würde eine ganzheitliche Entscheidungsgrundlage geschaffen, die sowohl ökologische als auch wirtschaftliche Aspekte frühzeitig berücksichtigt.
- **Validierung und Erweiterung der Methodik:** Um die Genauigkeit der Berechnungen weiter zu erhöhen, wäre eine Validierung mit realen Primärdaten aus Bauprojekten (z. B. exakte Verbrauchsdaten von Speditionen) ein wichtiger nächster Schritt. Auf dieser Grundlage könnte das Tool um weitere Lebenszyklusphasen, insbesondere den Transport im Zuge des Rückbaus (Modul C2), erweitert werden, um den kumulierten Einfluss aller Transporte zu bewerten.
- **Integration in digitale Planungsprozesse:** Um Planern und Bauherren bereits in frühen Projektphasen eine fundierte und automatisierte Entscheidungsgrundlage zu bieten, sollten die gewonnenen Erkenntnisse stärker in digitale Planungswerkzeuge und Ökobilanz-Softwareprogramme integriert werden.

Die Dekarbonisierung des Bausektors erfordert eine ganzheitliche Betrachtung aller Lebenszyklusphasen. Die transparente Bilanzierung von Transportemissionen ist dabei ein unverzichtbarer Baustein, um ökologisch fundierte Material- und Bauentscheidungen zu treffen und die Klimaziele zu erreichen.

Anhang 1: Anhänge zu den Theoretischen Grundlagen

Anhang 1.1 Auszug aller Kernindikatoren nach DIN EN 15804

Alle Indikatoren eine Ökobilanz nach DIN EN 15804

Wirkungskategorie	Indikator	Einheit (angegeben je funktionale oder deklarierte Einheit)
Klimawandel – gesamt	Treibhauspotenzial insgesamt (GWP-gesamt)	kg CO_2-Äq.
Klimawandel – fossil	Treibhauspotenzial fossiler Energieträger und Stoffe (GWP-Fossil)	kg CO_2-Äq.
Klimawandel – biogen	Treibhauspotenzial biogen (GWP-biogen)	kg CO_2-Äq.
Klimawandel – Landnutzung und Landnutzungsänderung	Treibhauspotenzial der Landnutzung und Landnutzungsänderung (GWP-luluc, en: land use and luse chance)	kg CO_2-Äq.
Ozonabbau	Potenzial des Abbaus der stratosphärischen Ozonschicht (ODP, en: Ozone Depletion Potential)	kg CFC-11-Äq.
Versauerung	Versauerungspotenzial (AP, en: Acidfication Potenzial – kumulierte Überschreitung)	Mol H^+-äq.
Eutrophierung Süßwasser	Eutrophierungspotenzial, in das Süßwasser gelangende Nährstoffe (EP-Süßwasser)	kg P-Äq.

(Fortsetzung)

M. Lambrecht, *Vom Werk zur Baustelle*, Entwicklung neuer Ansätze zum nachhaltigen Planen und Bauen, https://doi.org/10.1007/978-3-658-51426-6

(Fortsetzung)

Wirkungskategorie	Indikator	Einheit (angegeben je funktionale oder deklarierte Einheit)
Eutrophierung Salzwasser	Eutrophierungspotenzial, in das Salzwasser gelangende Nährstoffe (EP-Salzwasser)	kg N-Äq.
Eutrophierung Land	Eutrophierungspotenzial, kumulierte Überschreitung (EP-Land)	Mol N-Äq.
Photochemische Ozonbildung	Troposphärisches Ozonbildungspotenzial (PCOP, en: Photochemical Ozone Creation Potential)	kg NMVOC-Äq.
Verknappung von abiotischen Ressourcen – Mineralien und Metalle	Potenzial für die Verknappung von abiotischen Ressourcen für nicht fossile Ressourcen (ADP-Mineralien und Metalle)	kg Sb-Äq.
Verknappung von abiotischen Ressourcen – fossile Energieträger	Potenzial für die Verknappung von abiotischen Ressourcen für fossile Ressourcen (ADP – fossile Energieträger)	MJ, unterer Heizwert
Wassernutzung	Wasser-Entzugspotenzial (Benutzer), entzugsgewichteter Wasserverbrauch (WDP)	M^3 Welt-Äq. entzogen

Anhang 1.2 Auszug aus Gensch, C. et al.

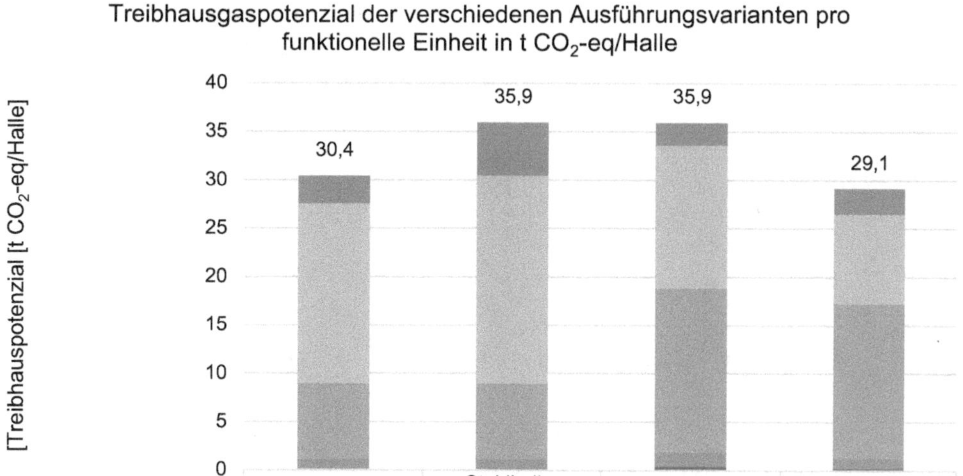

	Stahlhalle feuerverzinkt	Stahlhalle, nassbeschichtet - Basisszenario	Stahlbeton Halle	Holzhalle
End-of-Life	2,89	2,89	2,3	2,67
Nutzungsphase	0	2,57	0	0
Tragwerk	18,62	21,56	14,79	9,26
Fundament	7,81	7,81	16,95	16,02
Montage & Demontage	0,97	0,97	1,46	0,97
Transport	0,11	0,11	0,37	0,2
Gesamt	30,4	35,9	35,9	29,1

■ Transport ■ Montage & Demontage ■ Fundament ■ Tragwerk
■ Nutzungsphase ■ End-of-Life Gesamt

Quelle: eigene Darstellung nach Gensch, C. Kap. 2 [14] (Abb. 1–3), leicht abgeändert

Anhang 1.3 Auszug aus Braune, A. et al.

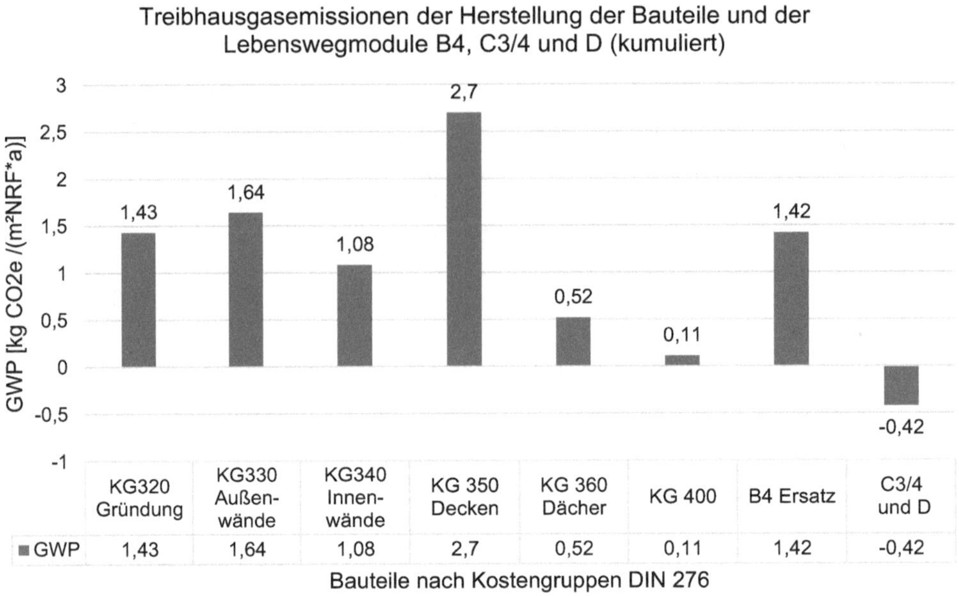

Quelle: eigene Darstellung nach Braune, A. Kap. 2 [3] (Abb. 3)

Anhang 2: Anhänge zur Methodik

Anhang 2.1 Tabellenblatt „Vergleich Bauteile + Umschlag“

Baustoff	Variante 1 Holz		Variante 2 Beton		Kommentar
	Transport	Umschlag	Transport	Umschlag	
Prozessart	x		x		
Phase	A4	A4	A4	A4	Bitte eingeben, für eigene Orientierung
Transportmittel	Lkw (Sattelzüge) (40 t)		Lkw 3,5 – 7,5 t		Bitte Auswählen
Emissionsfaktor	0,101 kg CO2-eq./tkm	0,02 kg CO2-eq./t	0,561 kg CO2-eq./tkm	0,02 kg CO2-eq./t	Wird automatisch ausgefüllt
Strecke (in km)	20,00 km		50,00 km		Bitte eintragen
Strecke inkl. Faktor (in km)	21,00 km		52,50 km		Wird automatisch ausgefüllt
Materialdichte (in kg/m³)	390 kg/m³		2.400 kg/m³		
Eingabe Volumen (Manuell)					Nur Ausfüllen, wenn Bauteil unsymmetrisch oder nur Volumen bekannt
Länge	15,00 m		14,94 m		
Höhe	1,20 m		1,55 m		
Breite	0,24 m		0,40 m		
Bauteilvolumen	4,32 m³		9,26 m³		
Masse Bauteil	1,68 t		22,23 t		
Sondertransport (Ja/Nein)	Nein		Nein		Wird automatisch ausgefüllt
Leerfahrten Berücksichtigen (Ja/Nein)	Nein		Ja		Bitte Auswählen
Tonnenkilometer	35,38 tkm		1.167,11 tkm		
Transportemissionen	**3,57 kg CO2-eq.**	**0,03 kg CO2-eq.**	**654,75 kg CO2-eq.**	**0,44 kg CO2-eq.**	
Transportemissionen + Leerfahrt	**3,57 kg CO2-eq.**		**1.047,60 kg CO2-eq.**		

Anhang 2.2 Tabellenblatt „Bauteile ohne Umschlag“

Baustoff	Variante 1 Holz	Variante 2 Beton	Kommentar
	Transport	Transport	
Phase	A4	A4	Bitte eingeben, für eigene Orientierung
Transportmittel	Lkw (Sattelzug 40 t)	Lkw (Sattelzug 40 t)	Bitte Auswählen
Emissionsfaktor	0,049 kg CO2-eq./tkm	0,049 kg CO2-eq./tkm	Wird automatisch ausgefüllt
Strecke (in km)	50,00 km	50,00 km	Bitte eintragen
Strecke inkl. Faktor (in km)	52,50 km	52,50 km	Wird automatisch ausgefüllt
Materialdichte (in kg/m³)	390 kg/m³	2.400 kg/m³	
Eingabe Volumen (Manuell)			Nur Ausfüllen, wenn Bauteil unsymmetrisch oder nur Volumen bekannt
Länge	20,00 m	23,35 m	
Höhe	1,60 m	1,70 m	
Breite	0,24 m	0,24 m	
Volumen	7,68 m³	9,53 m³	
Masse Bauteil (t)	3,00 t	22,86 t	
Masse Manuell (t)			
Sondertransport (Ja/Nein)	Nein	Ja	Wird automatisch ausgefüllt
Leerfahrten Berücksichtigen (Ja/Nein)	Ja	Ja	Bitte Auswählen
Tonnenkilometer	157,25 tkm	1.200,38 tkm	
Transportemissionen	**7,72 kg CO2-eq.**	**58,96 kg CO2-eq.**	
Transportemissionen + Leerfahrt	**10,81 kg CO2-eq.**	**82,54 kg CO2-eq.**	

Anhang 2.3 Tabellenblatt „Transportvergleich“

Baustoff	Transportmittel 1 Holz	Transportmittel 2 Holz	Kommentar
	Transport	Transport	
Phase	A4	A4	Bitte eingeben, für eigene Orientierung
Transportmittel	Lkw (Sattelzug 40 t)	Bahn	Bitte Auswählen
Emissionsfaktor	0,049 kg CO2-eq./tkm	0,020 kg CO2-eq./tkm	Wird automatisch ausgefüllt
Strecke (in km)	320,00 km	320,00 km	Bitte eintragen
Strecke inkl. Faktor (in km)	336,00 km	320,00 km	Wird automatisch ausgefüllt
Materialdichte (in kg/m³)	390 kg/m³	390 kg/m³	
Eingabe Volumen (Manuell)	10,56 m³		Nur Ausfüllen, wenn Bauteil unsymmetrisch oder nur Volumen bekannt
Länge	23,35 m	23,35 m	
Höhe	1,70 m	1,70 m	
Breite	0,24 m	0,24 m	
Volumen	9,53 m³	9,53 m³	
Masse Bauteil (t)	3,72 t	3,72 t	
Masse Manuell			Nur Ausfüllen wenn über Masse allein gerechnet wird
Sondertransport (Ja/Nein)	Ja	Ja	Wird automatisch ausgefüllt
Leerfahrten Berücksichtigen (Ja/Nein)	Ja	Ja	Bitte Auswählen
Tonnenkilometer	1.248,39 tkm	1.188,94 tkm	
Transportemissionen	**190,76 kg CO2-eq.**	**147,08 kg CO2-eq.**	
Transportemissionen + Leerfahrt	**267,07 kg CO2-eq.**	**235,33 kg CO2-eq.**	

Anhang 2.4 Tabellenblatt „Emissionen Gesamtvolumen“

Baustoff	Variante 1 Holz	Variante 2 Beton	Kommentar
	Transport	Transport	
Phase	A4	A4	Bitte eingeben, für eigene Orientierung
Transportmittel	Lkw (Sattelzug 40 t)	Lkw (Sattelzug 40 t)	Bitte Auswählen
Emissionsfaktor	0,049 kg CO2-eq./tkm	0,049 kg CO2-eq./tkm	Wird automatisch ausgefüllt
Strecke (in km)	50,00 km	50,00 km	Bitte eintragen
Strecke inkl. Faktor (in km)	52,50 km	52,50 km	Wird automatisch ausgefüllt
Materialdichte (in kg/m³)	385 kg/m³	2.400 kg/m³	Nur eintragen wenn einheitlich mit einer Materialdichte gerechnet wird
Volumen	700,00 m³	700,00 m³	Bitte eintragen
Gewicht	269,50 t	1.680,00 t	
Gewicht Manuell			Nur Ausfüllen wenn über Masse allein gerechnet wird
Sondertransport	Ja	Nein	Bitte Auswählen
Leerfahrten	Ja	Ja	Bitte Auswählen
Tonnenkilometer	14.148,75 tkm	88.200,00 tkm	
Transportemissionen	**714,93 kg CO2-eq.**	**4.330,62 kg CO2-eq.**	
Transportemissionen + Leerfahrt	**1.000,91 kg CO2-eq.**	**6.062,87 kg CO2-eq.**	

Anhang 3: Anhänge zum Anwendungsbeispiel

Anhang 3.1 Anhänge Holzbauweise

Anhang 3.1.1 Auszug Leistungsverzeichnis

OZ-Nummer	Beschreibung	Stückzahl (Stck.)	Summe Volumen (m^3)	Summe Gewicht (t)
13.02.	**Bewehrung**			
13.02.0010	Betonstahlmatten BST 500 M (A) b zw. Rundstahl BST 500 S (A)			135,00 t
13.05.	**Fundamente**			
13.05.0010	Stützwand Anlieferhof, Beton C25/30, Höhe 2,79 m		14,31 m^3	34,35 t
13.05.0020	Streifenfundament Frostschürze, Beton C30/37, d = 25 cm, h = 1,0 m		59,00 m^3	141,60 t
13.07.	**Bodenplatte**		1015,00 m^3	2436,00 t
13.07.0020	Bodenplatte, Beton C30/37, d = 20 cm, C30/37			
13.13.	**Betonstützen – Ortbeton**			
13.13.0010	Stütze, Beton C30/37, 22 × 32 cm, Höhe 4,43 m	1	0,31 m^3	0,74 t
13.13.0020	Stütze, Beton C30/37, 20 × 60 cm, Höhe bis 3,50 m	1	0,91 m^3	2,18 t
13.13.0030	Stütze, Beton 30/37, 20 × 60 cm, Höhe bis 3,50 m	1	0,61 m^3	1,46 t
14.09.	**Fertigteil-Stützen**			
14.09.0010	Stütze, Fertigteil, 40 × 40 cm, Höhe von 5,21 m bis 6,50 m		1,45 m^3	3,48 t
14.20.	**Fertigteil-Stützen – Brandwand**			
14.20.0010	Stütze, Fertigteil, 26 × 60 cm, Höhe von 5,21 m bis 6,50 m	5	6,00 m^3	14,40 t
14.20.0020	Stütze, Fertigteil, 26 × 60 cm, Höhe über 6,50 m	3	3,80 m^3	9,12 t
14.20.0030	Fertigteil, 40 × 60 cm, Höhe von 5,21 m bis 6,50 m	11	18,60 m^3	44,64 t
16.04.	**Holzbauteile – Binder**			
16.04.0010	Holzleimbinder, Fischbauchträger, Länge = 23,35 m, Höhe = 1,70, Breite = 0,24, GL 28c	20	190,54 m^3	74,31 t

(Fortsetzung)

(Fortsetzung)

OZ-Nummer	Beschreibung	Stückzahl (Stck.)	Summe Volumen (m^3)	Summe Gewicht (t)
16.04.0020	Holzleimbinder, Parallelgurtträger, Breite: 0,24 m, Höhe: ca. 0,84 m, Länge: 9,38 m, GL 24c	6	11,35 m^3	4,14 t
16.04.0030	Holzleimbinder, Parallelgurtträger, Breite: 0,40 m, Höhe: ca. 1,18 m, Länge: 15,70 m, GL 24c	1	7,41 m^3	2,70 t
16.04.0040	Holzleimbinder, Parallelgurtträger, Breite: 0,24 m, Höhe: ca. 0,86 m, Länge: 9,53 m, GL 24c	2	3,93 m^3	1,44 t
16.04.0050	Holzleimbinder, Parallelgurtträger, Breite: 0,24 m, Höhe: ca. 0,90 m, Länge: 9,90 m, GL 24c	5	10,69 m^3	3,90 t
16.04.0060	Holzleimbinder, Parallelgurtträger, Breite: 0,16 m, Höhe: ca. 0,50 m, Länge: 4,74 m, GL 24c	6	2,28 m^3	0,83 t
16.04.0070	Holzleimbinder, Parallelgurtträger, Breite: 0,40 m, Höhe: ca. 1,30 m, Länge: 10,50 m, GL 24c	1	5,46 m^3	2,13 t
16.04.0080	Holzleimbinder, Parallelgurtträger, Breite: 0,24 m, Höhe: ca. 1,10 m, Länge: 12,67 m, GL 24c	8	26,76 m^3	9,77 t
16.04.0090	Holzleimbinder, Parallelgurtträger, Breite: 0,24 m, Höhe: ca. 0,80 m, Länge: 12,49 m, GL 24c	1	2,40 m^3	0,88 t
16.04.0100	Holzleimbinder, Parallelgurtträger, Breite: 0,4 m, Höhe: ca. 2,02 m, Länge: 55,28 m, GL 28c	1	44,67 m^3	17,42 t
16.04.0110	Holzleimbinder, Pultdachträger, OK geneigt, Breite: 0,24 m, Höhe: ca. 0,35 m, Länge: 9,53 m, GL 24c	1	0,80 m^3	0,29 t
16.04.0120	Mehrfeldträger Ausformung als Satteldachträger, Breite: 0,24 m, Höhe: ca. 1,60 m, Länge: 27,60 m, GL 28c	1	10,56 m^3	4,12 t
16.08.	**Holzbauteile – Stützen**			
16.08.0010	Stütze, Holz, 32 × 24 cm Höhe bis 3,50 m	3	0,81 m^3	0,31 t
16.08.0020	Stütze, Holz, 16 × 16 cm, Höhe bis 3,50 m	6	0,54 m^3	0,21 t

(Fortsetzung)

(Fortsetzung)

OZ-Nummer	Beschreibung	Stückzahl (Stck.)	Summe Volumen (m^3)	Summe Gewicht (t)
16.08.0030	Stütze, Holz, 32 × 24 cm, Höhe über 6,00 m	9	4,15 m^3	1,60 t
16.08.0040	Stütze, Holz, 32 × 24 cm, Höhe bis 6,00 m	17	7,83 m^3	3,02 t
16.08.0050	Stütze, Holz, 32 × 26 cm, Höhe bis 6,00 m	1	0,50 m^3	0,19 t
16.08.0060	Stütze, Holz, 52 × 24 cm, Höhe bis 6,00 m	1	0,75 m^3	0,29 t
16.08.0080	Kreuzstütze, Holz, 36 × 20 cm, Höhe über 6,00 m	4	15,80 m^3	6,08 t
Summe	Betonbauteile		1119,99 m^3	2687,98 t
Summe	Holzbauteile		347,21 m^3	133,62 t
Summe	Gesamt		**1467,20 m^3**	**2956,60 t**

Anhang 3.1.2 Skizze der Dachträgerlage + Zuordnung der Positionen gemäß LV

Siehe Abb. A.1.

Anhang 3.1.3 Visualisierung Holztragwerk (ohne Bodenplatte)

Siehe Abb. A.2.

Anhang 3.2 Anhänge Stahlbetonbauweise

Anhang 3.2.1 Auszug Leistungsverzeichnis

OZ-Nummer	Beschreibung	Stückzahl (Stck.)	Summe Volumen (m^3)	Summe Gewicht (t)
208.020.	**Bewehrung**			
208.020.00100	Bewehrung gemäß Bewehrungsplänen und Statikunterlagen, B500			127,80 t
208.030.	**Bodenplatten**			
208.030.00105	Betonfundamente vor Ort – Fundamente Festigkeitsklasse: [C30/37], Expositionsklassen: [XC2, XF1], Bewehrung separate Position		350,00 m^3	840,00 t

(Fortsetzung)

(Fortsetzung)

OZ-Nummer	Beschreibung	Stückzahl (Stck.)	Summe Volumen (m^3)	Summe Gewicht (t)
208.030.00120	Betonfundamente vor Ort – Streifenfundamente Festigkeitsklasse C30/37, XC2, Bewehrung separate Position		16,00 m^3	38,40 t
208.040.00105	Bodenplatten aus Stahlfaserbeton, Dicke [18] cm Dicke: [18] cm, Fasergehalt: [25] kg/ m^3, Produkt-/Fasertyp: Dramix 3D 80/ 60BG, Festigkeitsklasse: [C35/45], Expositionsklassen: [XC2, XM3, WF]		603,90 m^3	1449,36 t
208.040.00110	Industriebodenplattendicke [20] cm, Beton C30/37		204,00 m^3	
208.040.00115	Industriebodenplattenstärke [25] cm – an der Ladebrücke, Beton C30/37		1,00 m^3	
208.040.00120	Stahlbeton-Bodenplatten, Stärke 20 cm – Haus für EKW		15,60 m^3	
209.050.	**Betonfertigteile – Stützen**			
209.050.00105	Stütze mit der Bezeichnung S1a, aus Betonfertigteilen, Querschnitt 0,60/ 0,60 m, Höhe 7,15 m, XC1	4	10,30 m^3	24,71 t
209.050.00110	Stütze mit der Bezeichnung S1a, aus Betonfertigteilen, Querschnitt 0,60/ 0,60 m, Höhe 7,36 m, XC1	1	2,65 m^3	6,36 t
209.050.00115	Stütze mit der Bezeichnung S2a, aus Betonfertigteilen, Querschnitt 0,60/ 0,60 m, Höhe 7,15 m, XC1	2	5,15 m^3	12,36 t
209.050.00120	Stütze S4a, aus Betonfertigteilen, Querschnitt 0,60/0,60 m, Höhe 7,15 m	4	10,30 m^3	24,71 t
209.050.00125	Stütze S4b, aus Betonfertigteilen, Querschnitt 0,60/0,60 m, Höhe 7,15 m	5	12,87 m^3	30,89 t
209.050.00130	Stütze S5a, aus Betonfertigteilen, Querschnitt 0,60/0,60 m, Höhe 7,15 m	5	12,87 m^3	30,89 t
209.050.00135	Stütze S5b, aus Betonfertigteilen, Querschnitt 0,60/0,60 m, Höhe 7,15 m	1	2,57 m^3	6,18 t
209.050.00140	Im Wesentlichen wie Artikel 2009.050.00105, jedoch die Säule mit der Bezeichnung S5b. Säulenhöhe: 6,20 m. Mit einer Abschrägung am oberen Ende der Säule	1	2,23 m^3	5,36 t

(Fortsetzung)

(Fortsetzung)

OZ-Nummer	Beschreibung	Stückzahl (Stck.)	Summe Volumen (m^3)	Summe Gewicht (t)
209.050.00145	Stütze S6, aus Betonfertigteilen, Querschnitt 0,60/0,60 m, Höhe 6,53 m	1	2,35 m^3	5,64 t
209.050.00150	Stütze S7, aus Betonfertigteilen, Querschnitt 0,60/0,60 m, Höhe 7,41 m	1	2,67 m^3	6,40 t
209.050.00155	Stütze S8a, aus Betonfertigteilen, Querschnitt 0,60/0,60 m, Höhe 7,41 m	1	2,67 m^3	6,40 t
209.050.00160	Stütze S8b, aus Betonfertigteilen, Querschnitt 0,60/0,60 m, Höhe 6,29 m	2	4,53 m^3	10,87 t
209.050.00165	Stütze S8b, aus Betonfertigteilen, Querschnitt 0,60/0,60 m, Höhe 6,63 m	1	2,39 m^3	5,73 t
209.050.00170	Stütze S9a, aus Betonfertigteilen, Querschnitt 0,60/0,60 m, Höhe 6,53 m	4	9,40 m^3	22,57 t
209.050.00180	Stütze S10, aus Betonfertigteilen, Querschnitt 0,60/0,60 m, Höhe 10,45 m	1	3,76 m^3	9,03 t
209.050.00185	Stütze S11, aus Betonfertigteilen, Querschnitt 0,60/0,60 m, Höhe 10,55 m	1	3,80 m^3	9,12 t
209.050.00190	Stütze S12, aus Betonfertigteilen, Querschnitt 0,60/0,60 m, Höhe 10,45 m	1	3,76 m^3	9,03 t
209.050.00195	Stütze S13, aus Betonfertigteilen, Querschnitt 0,60/0,60 m, Höhe 10,45 m	1	3,76 m^3	9,03 t
209.060.	**Betonfertigteile – Träger/Binder**			
209.060.00100	Sekundärdachträger aus Betonfertigteilen, T-förmig, Höhe 1,00 m, Länge 21,55 m, Dachträgerhöhe: 1,00 m. Abmessungen des Obergurts (Breite/Höhe): 0,60/0,20 m. Rückseite (Feld/Auflage): 0,21 m. Länge = 21,55 m. Festigkeitsklasse: C50/60. Expositionsklassen: XC1	16	99,30 m^3	238,33 t

(Fortsetzung)

(Fortsetzung)

OZ-Nummer	Beschreibung	Stückzahl (Stck.)	Summe Volumen (m^3)	Summe Gewicht (t)
209.060.00105	Sekundärdachträger aus Betonfertigteilen, T-förmig, Höhe 1,00 m, Länge 21,42 m, Dachträgerhöhe: 1,00 m. Abmessungen des Obergurts (Breite/ Höhe): 0,60/0,20 m. Rückseite: 0,21 m. Länge 21,42 m. Festigkeitsklasse: C50/ 60. Expositionsklassen: XC1	12	74,03 m^3	177,67 t
209.060.00106	Sekundärdachträger aus Betonfertigteilen, T-förmig, Höhe 1,00 m, Länge 21,12 m, Dachträgerhöhe: 1,00 m. Abmessungen des Obergurts (Breite/ Höhe): 0,60/0,20 m. Rückseite (Feld/ Auflage): 0,21 m. Länge = 21,12 m. Festigkeitsklasse: C50/60. Expositionsklassen: XC1	1	6,08 m^3	14,60 t
209.060.00107	Sekundärdachträger aus Betonfertigteilen, T-förmig, Höhe 1,00 m, Länge 21,42 m Höhe 1,00 m, Länge 21,12 m, Dachträgerhöhe: 1,00 m. Abmessungen des Obergurts (Breite/Höhe): 0,60/0,20 m. Rückseite (Feld/Auflage): 0,21 m. Länge = 21,42 m. Festigkeitsklasse: C50/60. Expositionsklassen: XC1	3	18,25 m^3	43,79 t
209.060.00110	Sekundärdachträger aus Betonfertigteilen, rechteckig, Höhe 1,00 m, Der Balken an den Enden ist zum Einpressen vorgesehen. Höhe des Dachbalkens: 1,00 m Breite des Dachbalkens: 0,40 m Länge d = 7,38 m Festigkeitsklasse: C50/60 Expositionsklassen: XC1	2	5,90 m^3	14,17 t
209.060.00115	Randdachträger aus Betonfertigteilen, rechteckig, Höhe 1,00 m, Länge 7,46 m, Höhe des Dachbalkens: 1,00 m Breite des Dachbalkens: 0,40 m Länge = 7,46 m Festigkeitsklasse: C50/60 Expositionsklassen: XC1	6	17,90 m^3	42,97 t

(Fortsetzung)

(Fortsetzung)

OZ-Nummer	Beschreibung	Stückzahl (Stck.)	Summe Volumen (m^3)	Summe Gewicht (t)
209.060.00120	Randdachträger aus Betonfertigteilen, rechteckig, Höhe 1,00 m, Länge 8,31 m, Der Balken an den Enden ist zum Einpressen vorgesehen. Höhe des Dachbalkens: 1,00 m Breite des Dachbalkens: 0,40 m Länge = 7,38 m Festigkeitsklasse: C50/60 Expositionsklassen: XC1	2	5,90 m^3	14,17 t
209.060.00125	Randdachträger aus Betonfertigteilen, rechteckig, Höhe 1,00 m, Länge 8,06 m, Der Balken an den Enden ist zum Einpressen vorgesehen. Höhe des Dachbalkens: 1,00 m Breite des Dachbalkens: 0,40 m Länge = 8,06 m Festigkeitsklasse: C50/60 Expositionsklassen: XC1	1	3,22 m^3	7,74 t
209.060.00130	Hauptdachträger aus Betonfertigteilen, I-förmig, Höhe 1,60 m, Länge 10,07 m, Höhe des Hauptdachträgers: 1,60 m Abmessungen Obergurt (Breite/Höhe): 0,66/0,22 m Rückgrat (Feld/Auflage): 0,15/0,30 m Abmessungen Untergurt (Breite/Höhe): 0,50/0,22 m Länge = 10,07 m Festigkeitsklasse: C50/60 Expositionsklassen: XC1	1	3,02 m^3	7,26 t
209.060.00135	Hauptdachträger aus Betonfertigteilen, I-förmig, Höhe 1,60 m, Länge 14,10 m, Höhe des Hauptdachträgers: 1,60 m Abmessungen Obergurt (Breite/Höhe): 0,66/0,22 m Rückgrat (Feld/Auflage): 0,15/0,30 m Abmessungen Untergurt (Breite/Höhe): 0,50/0,22 m Länge = 14,10 m Festigkeitsklasse: C50/60 Expositionsklassen: XC1	1	4,23 m^3	10,16 t

(Fortsetzung)

(Fortsetzung)

OZ-Nummer	Beschreibung	Stückzahl (Stck.)	Summe Volumen (m^3)	Summe Gewicht (t)
209.060.00140	Hauptdachträger aus Betonfertigteilen, I-förmig, Höhe 1,60 m, Länge 14,92 m, Höhe des Hauptdachträgers: 1,60 m Abmessungen Obergurt (Breite/Höhe): 0,66/0,22 m Rückgrat (Feld/Auflage): 0,15/0,30 m Abmessungen Untergurt (Breite/Höhe): 0,50/0,22 m Länge = 14,92 m Festigkeitsklasse: C50/60 Expositionsklassen: XC1	3	13,44 m^3	32,25 t
209.060.00145	Hauptdachträger aus Betonfertigteilen, I-förmig, Höhe 1,60 m, Länge 15,87 m, Höhe des Hauptdachträgers: 1,60 m Abmessungen Obergurt (Breite/Höhe): 0,66/0,22 m Rückgrat (Feld/Auflage): 0,15/0,30 m Abmessungen Untergurt (Breite/Höhe): 0,50/0,22 m Länge = 15,87 m Festigkeitsklasse: C50/60 Expositionsklassen: XC1	1	4,76 m^3	11,43 t
209.060.00150	Satteldachträger aus Betonfertigteilen, T-förmig, Höhe 1,00 m, Länge 10,45 m, T-förmig, vorgespannt. Träger an den Enden zur Anlage vorgesehen. Dachträgerhöhe: 1,00 m, Abmessungen Obergurt (Breite/Höhe): 0,55/0,20 m, Rückseite (Feld/Auflage): 0,21 m, Länge = 10,45 m, Festigkeitsklasse: C50/60, Expositionsklassen: XC1	2	5,81 m^3	13,94 t
209.060.00155	Satteldachträger aus Betonfertigteilen, T-förmig, Höhe 1,00 m, Länge 10,79 m, T-förmig, vorgespannt. Träger an den Enden zur Anlage vorgesehen. Dachträgerhöhe: 1,00 m, Abmessungen Obergurt (Breite/Höhe): 0,55/0,20 m, Rückseite (Feld/Auflage): 0,21 m, Länge Dachträger: 10,79 m, Festigkeitsklasse: C50/60, Expositionsklassen: XC1	4	12,00 m^3	28,80 t

(Fortsetzung)

(Fortsetzung)

OZ-Nummer	Beschreibung	Stückzahl (Stck.)	Summe Volumen (m^3)	Summe Gewicht (t)
209.060.00160	Satteldachträger aus Betonfertigteilen, T-förmig, Höhe 1,00 m, Länge 11,09 m, T-förmig, vorgespannt. Träger an den Enden zur Anlage vorgesehen. Dachträgerhöhe: 1,00 m, Abmessungen Obergurt (Breite/Höhe): 0,55/0,20 m, Rückseite (Feld/Auflage): 0,21 m, Länge Dachträger: 11,09 m, Festigkeitsklasse: C50/60, Expositionsklassen: XC1	2	6,17 m^3	14,80 t
209.060.00165	Hauptdachträger aus Betonfertigteilen, I-förmig, Höhe 1,30 m, Länge 14,95 m, vorgespannt. Träger an den Enden auf Auflage ausgelegt. Höhe des Hauptdachträgers: 1,30 m Abmessungen Obergurt (Breite/Höhe): 0,66/0,22 m Rücken (Feld/Auflage): 0,18/0,40 m Abmessungen Untergurt (Breite/Höhe): 0,50/0,22 m Länge des Hauptdachträgers: 14,95 m Festigkeitsklasse: C50/60 Expositionsklassen: XC1	1	4,89 m^3	11,74 t
209.060.00170	Hauptdachträger aus Betonfertigteilen, I-förmig, Höhe 1,30 m, Länge 10,95 m, vorgespannt. Träger an den Enden auf Auflage ausgelegt. Höhe des Hauptdachträgers: 1,30 m Abmessungen Obergurt (Breite/Höhe): 0,66/0,22 m Rücken (Feld/Auflage): 0,18/0,40 m Abmessungen Untergurt (Breite/Höhe): 0,50/0,22 m Länge = 10,95 m Festigkeitsklasse: C50/60 Expositionsklassen: XC1	1	3,58 m^3	8,60 t

(Fortsetzung)

(Fortsetzung)

OZ-Nummer	Beschreibung	Stückzahl (Stck.)	Summe Volumen (m^3)	Summe Gewicht (t)
209.060.00171	Hauptdachträger aus Betonfertigteilen, I-förmig, Höhe 1,30 m, Länge 14,92 m, vorgespannt. Träger an den Enden auf Auflage ausgelegt. Höhe des Hauptdachträgers: 1,30 m Abmessungen Obergurt (Breite/Höhe): 0,66/0,22 m Rücken (Feld/Auflage): 0,18/0,40 m Abmessungen Untergurt (Breite/Höhe): 0,50/0,22 m Länge = 14,92 m Festigkeitsklasse: C50/60 Expositionsklassen: XC1	1	4,88 m^3	11,72 t
209.060.00175	Hauptdachträgeraus Betonfertigteilen, I-förmig, Höhe 1,30 m, Länge 12,80 m, vorgespannt. Träger an den Enden auf Auflage ausgelegt. Höhe des Hauptdachträgers: 1,30 m Abmessungen Obergurt (Breite/Höhe): 0,66/0,22 m Rücken (Feld/Auflage): 0,18/0,40 m Abmessungen Untergurt (Breite/Höhe): 0,50/0,22 m Länge = 12,80 m Festigkeitsklasse: C50/60 Expositionsklassen: XC1	1	4,19 m^3	10,05 t
209.060.00180	Hauptdachträger aus Betonfertigteilen, I-förmig, Höhe 1,30 m, Länge 7,58 m, vorgespannt. Träger an den Enden auf Auflage ausgelegt. Höhe des Hauptdachträgers: 1,30 m Abmessungen Obergurt (Breite/Höhe): 0,66/0,22 m Rücken (Feld/Auflage): 0,18/0,40 m Abmessungen Untergurt (Breite/Höhe): 0,50/0,22 m Länge = 7,58 m Festigkeitsklasse: C50/60 Expositionsklassen: XC1	1	2,48 m^3	5,95 t
209.060.00185	Randdachträger aus Betonfertigteilen, T-förmig, Höhe 1,00 m, Länge 14,95 m, vorgespannt. Träger an den Enden zur Anlage vorgesehen. Höhe des Dachbalkens: 1,00 m. Abmessungen des Obergurts (Breite/Höhe): 0,55/0,20 m. Rückseite (Feld/Auflage): 0,21 m. Länge = 14,95 m. Festigkeitsklasse: C50/60. Expositionsklassen: XC1	1	4,16 m^3	9,97 t

(Fortsetzung)

(Fortsetzung)

OZ-Nummer	Beschreibung	Stückzahl (Stck.)	Summe Volumen (m^3)	Summe Gewicht (t)
209.060.00195	Randdachbalken aus Betonfertigteilen, T-förmig, Höhe 1,00 m, Länge 13,42 m. Gesamt nur wie Artikel 2009.060.00185: Länge des Dachbalkens: 13,42 m	1	3,73 m^3	8,95 t
209.060.00200	Randdachbalken aus Betonfertigteilen, T-förmig, Höhe 1,00 m, Länge 14,92 m. Gesamt nur wie Artikel 2009.060.00185: Länge des Dachbalkens: 14,92 m	1	4,15 m^3	9,95 t
209.060.00205	Randdachbalken aus Betonfertigteilen, T-förmig, Höhe 1,00 m, Länge 10,10 m. Insgesamt wie Artikel 2009.060.00185, nur Dachbalken mit der Bezeichnung G106A. Länge des Dachbalkens: 10,10 m	1	2,81 m^3	6,74 t
209.060.00210	Randdachbalken aus Betonfertigteilen, T-förmig, Höhe 1,00 m, Länge 7,58 m. Insgesamt wie Artikel 2009.060.00185, nur Dachbalken mit der Bezeichnung G106B. Länge des Dachbalkens: 7,58 m	1	2,11 m^3	5,06 t
209.060.00215	Sekundärdachträger aus Betonfertigteilen, T-förmig, Höhe 0,55 m, Länge 8,60 m, vorgespannt. Träger an den Enden zur Anlage vorgesehen. Dachträgerhöhe: 0,55 m, Abmessungen Obergurt (Breite/Höhe): 0,47/0,18 m, Rückseite (Feld/Auflage): 0,23 m, Länge Dachträger: 8,60 m, Festigkeitsklasse: C50/60, Expositionsklassen: XC1	13	18,97 m^3	45,53 t

(Fortsetzung)

(Fortsetzung)

OZ-Nummer	Beschreibung	Stückzahl (Stck.)	Summe Volumen (m^3)	Summe Gewicht (t)
209.060.00220	Zwischendeckenträger, aus Betonfertigteilen, T-förmig, Höhe 1,30 m, Länge 10,35 m, aus Betonfertigteilen, vorgespannt. Träger an den Enden zur Auflage vorgesehen. Höhe des Dachträgers: 1,30 m HINWEIS: Die statische Höhe des Trägers beträgt die Gesamthöhe von 0,93 m. Abmessungen des Obergurts (Breite/Höhe): 1,00/0,26 m First (Feld/ Auflage): 0,60 m Länge des Dachträgers: 10,35 m Festigkeitsklasse: C50/60 Expositionsklassen: XC1	1	9,15 m^3	21,96 t
209.060.00225	Zwischendeckenträger (Achse B) mit der Bezeichnung G108A, aus Betonfertigteilen, T-förmig, Höhe 1,30 m, Länge 7,85 m. Insgesamt wie Artikel 2009.060.00220, nur Zwischendeckenträger mit der Bezeichnung G108A. Länge des Dachträgers: 7,85 m	1	6,94 m^3	16,65 t
209.060.00230	Geschossdeckenträger, aus Betonfertigteilen, komplexe Form, Höhe 0,86 m (0,60 m Basisteil + 0,26 m Vorsprung), Länge 8,50 m, # vorgespannt. Träger an den Enden zur Auflage vorgesehen. Höhe des Dachträgers: 0,86 m (0,60 Basisteil + 0,26 m Auskragung) HINWEIS: Die statische Höhe des Trägers beträgt die Gesamthöhe von 0,86 m. Abmessungen des Obergurts (Breite/ Höhe): 0,85/0,28 m First (Feld/ Auflage): 0,60 m Länge des Dachträgers: 8,50 m Festigkeitsklasse: C50/60 Expositionsklassen: XC1	1	4,98 m^3	11,95 t

(Fortsetzung)

(Fortsetzung)

OZ-Nummer	Beschreibung	Stückzahl (Stck.)	Summe Volumen (m^3)	Summe Gewicht (t)
209.060.00235	Zwischendeckenträger aus Betonfertigteilen, T-förmig, Höhe 0,60 m, Länge 7,70 m, vorgespannt. Träger an den Enden zur Auflage vorgesehen. Dachträgerhöhe: 0,60 m, Abmessungen Obergurt (Breite/Höhe): 1,00/0,26 m, Rückseite (Feld/Auflage): 0,60 m, Länge Dachträger: 7,70 m, Festigkeitsklasse: C50/60, Expositionsklassen: XC1	1	3,67 m^3	8,80 t
209.060.00240	Zwischendeckenträger aus Betonfertigteilen, L-förmig, Höhe 2,08 m (0,80 m Basisteil + 1,28 m Ausladung), Länge 8,42 m, vorgespannt. Träger an den Enden zur Anlage vorgesehen. Höhe des Dachträgers: 2,08 m (0,80 m Basisteil + 1,28 m Überstand) HINWEIS: Die statische Höhe des Trägers beträgt die Gesamthöhe von 2,08 m. Maße des Basisteils (unterer Teil): 0,60/0,80 m Maße Überstand (oberer Teil): 0,30/ 1,28 m Länge des Dachträgers: 8,42 m Festigkeitsklasse: C50/60 Expositionsklassen: XC1	1	7,27 m^3	17,46 t
209.060.00245	Hauptdachträger, aus Betonfertigteilen, T-förmig, Höhe 0,70 m, Länge 8,75 m, vorgespannt. Träger an den Enden zur Auflage vorgesehen. Höhe des Dachträgers: 0,70 m. Abmessungen des Obergurts (Breite/Höhe): 0,55/ 0,20 m. Rückseite (Feld/Auflage): 0,21 m. Länge des Dachträgers: 8,75 m. Festigkeitsklasse: C50/60. Expositionsklassen: XC1	1	1,88 m^3	4,52 t
209.060.00250	Hauptdachträger, aus Betonfertigteilen, T-förmig, Höhe 0,70 m, Länge 10,63 m. Insgesamt wie Artikel 2009.060.00245, nur Dachträger mit der Bezeichnung G201A. Länge des Hauptdachträgers: 10,63 m	1	2,29 m^3	5,49 t

(Fortsetzung)

(Fortsetzung)

OZ-Nummer	Beschreibung	Stückzahl (Stck.)	Summe Volumen (m^3)	Summe Gewicht (t)
209.060.00255	Hauptdachträger, aus Betonfertigteilen, T-förmig, Höhe 0,70 m, Länge 9,10 m. Insgesamt wie Artikel 2009.060.00245, nur Dachträger mit der Bezeichnung G201B. Länge des Hauptdachträgers: 9,10 m	1	1,96 m^3	4,70 t
209.060.00260	Sekundärdachträger, aus Betonfertigteilen, T-förmig, Höhe 1,20 m, Länge 8,54 m, vorgespannt. Träger an den Enden zur Auflage vorgesehen. Dachträgerhöhe: 1,20 m. Abmessungen Obergurt (Breite/Höhe): 0,60/0,20 m. Rückseite (Feld/Auflage): 0,30 m. Länge Dachträger: 8,54 m. Festigkeitsklasse: C50/60. Expositionsklassen: XC1	1	3,59 m^3	8,61 t
209.060.00265	Sekundärdachträger, aus Betonfertigteilen, T-förmig, Höhe 0,55 m, Länge 8,90 m, vorgespannt. Träger an den Enden zur Anlage vorgesehen. Höhe des Dachträgers: 0,55 m. Abmessungen des Obergurts (Breite/Höhe): 0,47/0,18 m. Rückseite (Feld/Auflage): 0,23 m. Länge des Dachträgers: 8,90 m. Festigkeitsklasse: C50/60. Expositionsklassen: XC1	3	4,53 m^3	10,87 t
209.060.00270	Sekundärdachträger, aus Betonfertigteilen, T-förmig, Höhe 0,55 m, Länge 5,72 m. Insgesamt wie Artikel 2009.060.00265, nur Dachträger mit der Bezeichnung G203A. Länge des Dachträgers: 5,72 m	2	1,94 m^3	4,66 t
Summe			**1672,69 m^3**	**3485,02 t**

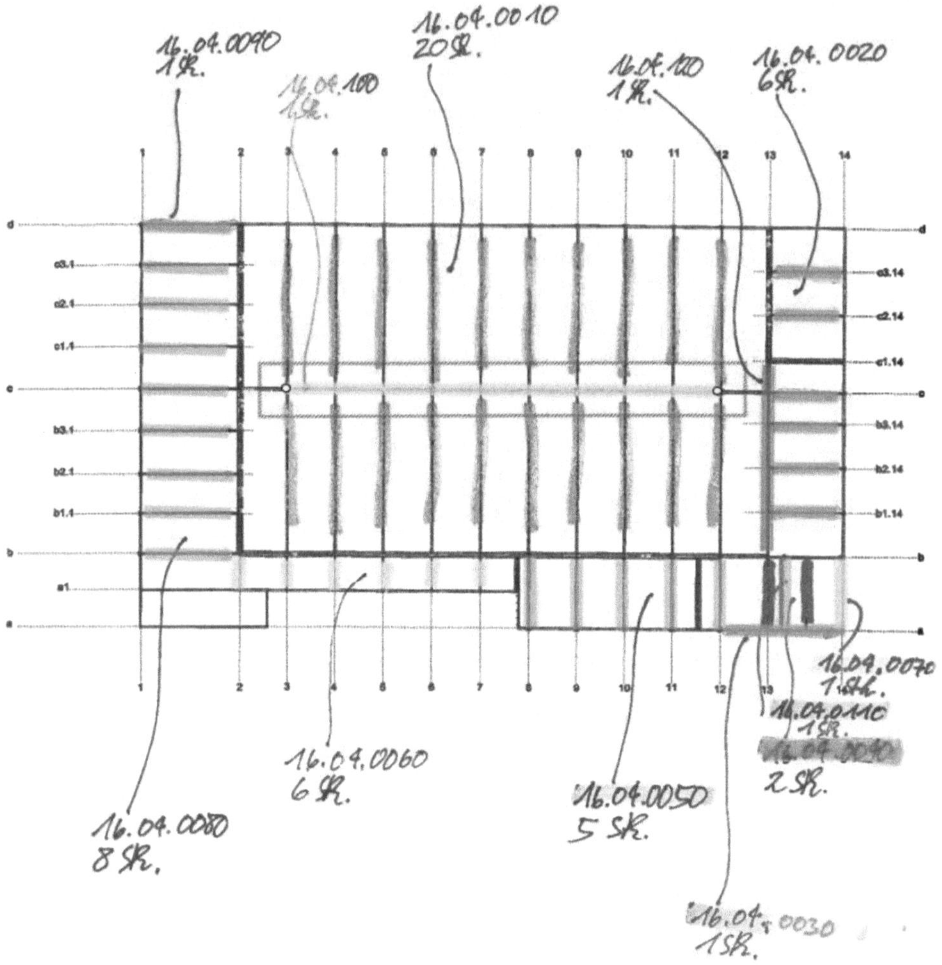

Abb. A.1 Skizze aus dem Leistungsverzeichnis des Standortes in Holzbauweise. (© Kaufland Stiftung GmbH & Co. KG, 2022)

Anhang 3.2.2 Visualisierung des Stahlbetontragwerks

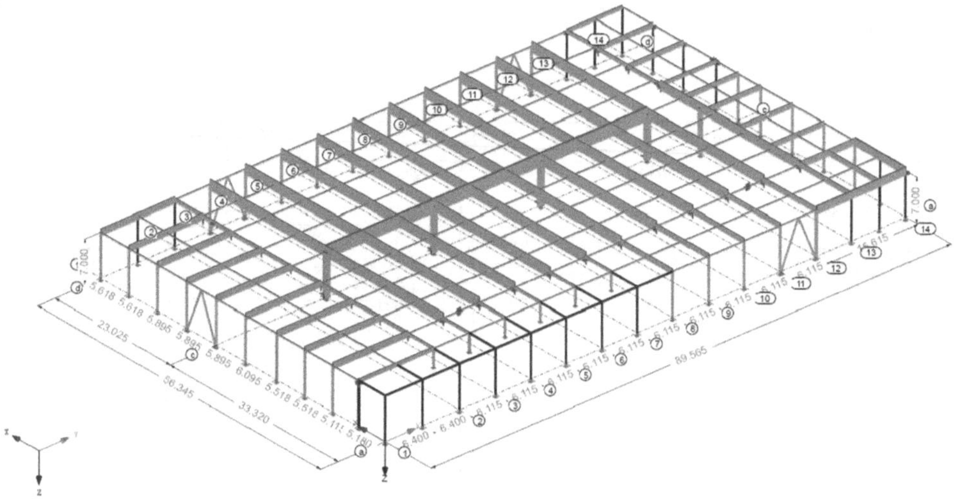

Abb. A.2 Screenshot aus dem Statik-Bericht des Standorts in Holzbauweise. (© Kaufland Stiftung GmbH & Co. KG, 2022)

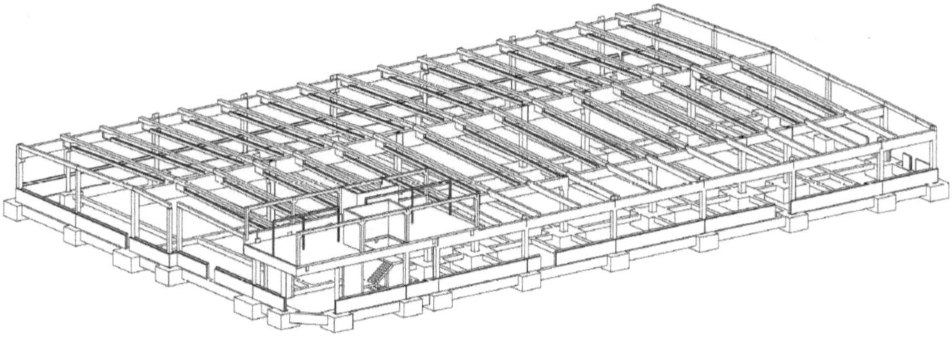

Visualisierung des Stahlbetontragwerks.
(© Kaufland Stiftung GmbH & Co. KG, 2022)

Anhang 3.3 Übersicht Massen und Kubatur zur Ermittlung der Transportemissionen

Holztragwerk		
Bauteil	Volumen Gesamt	Gewicht Gesamt
Binder Normaler Transport	115,74 m³	43,50 t
Binder Sondertransport 1 Fischbauträger, Holzleimbinder	190,54 m³	74,31 t
Binder Sondertransport 2 Mehrfeldträger als Satteldachträger	10,56 m³	4,12 t
Stützen Transport (Holz)	30,37 m³	11,69 t
Stützen Betonfertigteil	31,68 m³	76,03 t
Ortbeton Bodenplatte + Fundament +Decke Sozialraum	1.123,91 m³	2.697,38 t
Bewehrung		135,00 t
Volumenanteil Holz	**347,21 m³**	
Volumenanteil Beton	**1.155,59 m³**	
Volumen Gesamt	**1.502,80 m³**	**3.042,03 t**

Betontragwerk		
Bauteil	Volumen Gesamt	Gewicht Gesamt
Fertigteile - Sondertransport	147,66 m³	354,38 t
Fertigteile - Normal	334,53 m³	802,87 t
Ortbeton - Fundamente + Bodenplatte	1.190,50 m³	2.857,20 t
Bewehrung Ortbeton		127,84 t
Decke-Fertigteil - Sondertransport	34,00 m³	81,60 t
	1.706,69 m³	**4.223,90 t**

Anhang 3.4 Übersicht über die verwendeten EPD-Daten

Teil 1

Bauteil/ Material	Produkt/ Bezeichnung	EPD-Nr	Modulabdeckung	Gültig bis	Quelle (siehe Teil 3)
Beton C50/60	Fertigteil-/ Transportbeton	EPD-IZB-20230424-IBA1-DE	A1–A5, C1–C3, D	2028	Informationszentrum Beton – Ökobaudat [1]
Beton C30/37	Transportbeton	IBU-CEI-HOL-2205120-DE2025000119-ISUG001-DE	A1–A5, B1, C1–C4, D	2030	Holcim (Deutschland) GmbH – Ökobaudat [2]
Beton C25/30	Transportbeton	IBU-CEI-HOL-2205120-DE2023000553-1SUG001-DE	A1–A5, B1, C1–C4, D	2028	Holcim (Deutschland) GmbH – Ökobaudat [3]
Beton C35/45	Transportbeton	IBU-CEI-HOL-2205120-DE2023000607-1SUG001-DE	A1–A5, B1, C1–C4, D	2028	Holcim (Deutschland) GmbH – Ökobaudat [4]
Bewehrungsstahl	Bewehrungsstahl	UUID: f6861618-5a92-4c3a-94ba-9f7329b29662[1]	A1–A3, C1–C3, D	2026	Sphera Solutions GmbH – Ökobaudat [5]
Holzleimbinder	Brettschichtholzwerk	EPD-BBS-20190164-IBA1-DE	A1–A5, C2–C3, D	2024[2]	Binderholz [6]

[1] In der Ökobaudat war keine EPD-Nummer hinterlegt, nur die UUID.

[2] Zum Bearbeitungsstand lag keine aktuellere EPD vor, es wird davon ausgegangen das diese dennoch aktuell ist.

Teil 2

Datengrundlage EPD									
GWP-Fossil	Dekl. Einheit	A1	A2	A3	C2	C3	D	Summe pro m^3 bzw. pro t	Quelle:
Beton C50/60	1,0 m^3	275,00			10,3	4,99	-12	278,29 kg CO_2-eq./ m^3	[1]
Beton C30/37	1,0 m^3	170,60			9,539	3,693	-7,701	176,13 kg CO_2-eq./ m^3	[2]
Transport-beton C25/30	1,0 m^3	160,50			9,565	3,423	-8,045	165,44 kg CO_2-eq./ m^3	[3]
Transport-beton C35/45	1,0 m^3	163,30			9,503	4,366	-9,468	167,70 kg CO_2-eq./ m^3	[4]
Beweh-rung	1,0 t	637,7			4,537	0	142,5	784,74 kg CO_2-eq./t	[5]
Holzleim-binder	1,0 m^3	-660,00	6,26	14,40	0,54	749,00	-395,00	-284,80 kg CO_2-eq./ m^3	[6]

Berechnung GWP-Total						
Bauweise	A1–A3	A4	C2	C3	D	Summe
Holzvari-ante	60.744 kg CO_2-eq	11.286 kg CO_2-eq	11.823 kg CO_2-eq	264.314 kg CO_2-eq	- 126.827 kg CO_2-eq	**221.340 kg CO_2-eq**
Stahlbe-tonvariante	408.384 kg CO_2-eq	13.389 kg CO_2-eq	17.131 kg CO_2-eq	7207 kg CO_2-eq	2355 kg CO_2-eq	**448.467 kg CO_2-eq**

Teil 3

Quellen:	Link:
[1]	https://oekobaudat.de/OEKOBAU.DAT/datasetdetail/process.xhtml?uuid=5f9cf5f3-c5e1-4b32-8359-a9102f1483ec&version=00.02.000&stock=OBD_2024_I&lang=de, 08.08.2025
[2]	https://oekobaudat.de/OEKOBAU.DAT/datasetdetail/process.xhtml?uuid=bebc6b70-ac71-4585-a715-9de0250d5bc6&version=00.01.000&stock=OBD_2024_I&lang=de, 08.08.2025
[3]	https://oekobaudat.de/OEKOBAU.DAT/datasetdetail/process.xhtml?uuid=24484f95-db48-4d40-9b06-c08ab7b4cd51&version=00.01.002&stock=OBD_2024_I&lang=de, 08.08.2025
[4]	https://oekobaudat.de/OEKOBAU.DAT/datasetdetail/process.xhtml?uuid=bb694d91-46f5-44f1-9693-6a9e56ea10d3&version=00.01.002&stock=OBD_2024_I&lang=de, 08.08.2025

(Fortsetzung)

(Fortsetzung)

Quellen:	Link:
[5]	https://oekobaudat.de/OEKOBAU.DAT/datasetdetail/process.xhtml?uuid=f6861618-5a92-4c3a-94ba-9f7329b29662&version=20.24.070&stock=OBD_2024_I&lang=de, 08.08.2025
[6]	EPD-binderholz-Brettschichtholz-BSH_28-11-2024.pdf, 08.08.2025

Anhang 3.5 Ergebnis der generischen Break-Even-Analyse

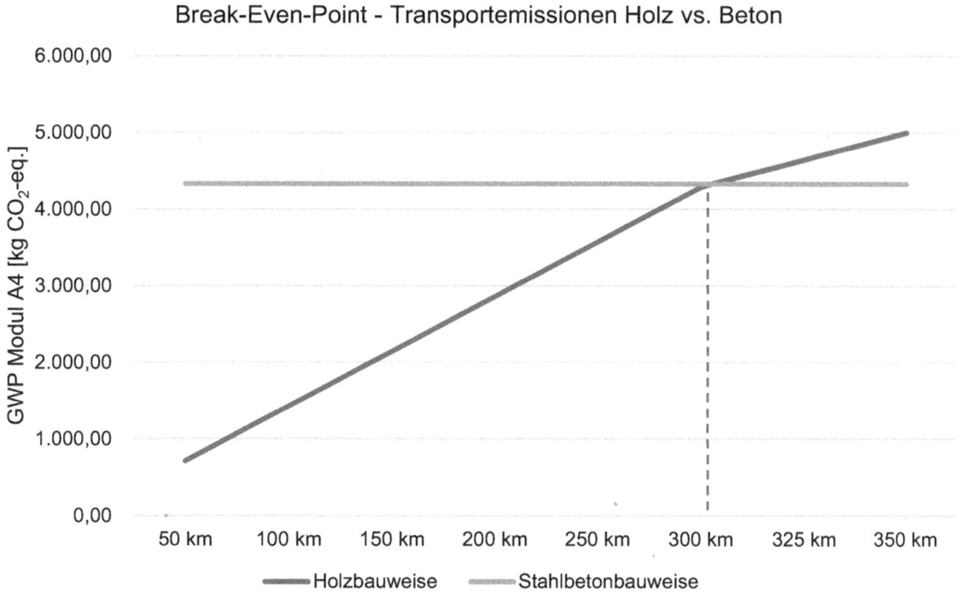

Anhang 3.6 Mengenübersicht Holzbauweise

Bauteil	Festigkeitsklasse	Volumen [m^3]	Dichte [kg/m^3][3]	Gewicht [t]
Binder	GL 24c	65,62 m^3	365 kg/m^3	23,95 t
Binder	GL 28c	251,22 m^3	390 kg/m^3	97,98 t
Stützen	GL 24h	30,37 m^3	385 kg/m^3	11,69 t

(Fortsetzung)

[3] Dichtewerte für Holz stammen aus Schneider Bautabellen – Quelle [1], Kap. 5.

(Fortsetzung)

Bauteil	Festigkeitsklasse	Volumen [m^3]	Dichte [kg/m^3]	Gewicht [t]
Betonstützen	C30/37	31,68 m^3	2400 kg/m^3	76,03 t
Bodenplatte	C30/37	1.015,00 m^3	2400 kg/m^3	2436,00 t
Fundamente	C25/30 C30/37	14,31 m^3 59,00 m^3	2400 kg/m^3 2400 kg/m^3	34,35 t 141,60 t
Ortbetondecke Sozialräume OG	C25/30	35,6 m^3	2400 kg/m^3	85,44 t
Gesamt		**347,21 m^3 Holz** **1155,6 m^3 Beton**		**2907,04 t**

Anhang 3.7 Mengenübersicht Stahlbetonbauweise

Bauteil	Material	Volumen [m^3]	Dichte [kg/m^3]	Gewicht [t]
Binder	C50/60	67,30 m^3	2400 kg/m^3	168,21 t
Stützen	C40/50	129,96 m^3	2400 kg/m^3	311,90 t
Pfetten/Unterzüge	C40/50/C50/60	303,50 m^3	2400 kg/m^3	658,45 t
Bodenplatte	C25/30	793,30 m^3	2400 kg/m^3	1903,91 t
Fundamente	C35/45 C25/30	16,07 m^3 3,12 m^3	2400 kg/m^3 2400 kg/m^3	38,57 t 7,49 t
Decke	C30/37	34,00 m^3	2400 kg/m^3	81,6 t
Gesamt		**1313,25 m^3**		**3088,53 t**

Anhang 3.8 Mengenübersicht Stahlbetonbauweise

Anhang 3.8.1 Berechnungsergebnisse Szenario 1

Holzbauweise - Modul A2		
	Eigene Berechnung	***Software***
Transport Holz von Wald ins Werk	360,57 kg CO2-eq.	*330,77 kg CO2-eq.*
Holzbauweise - Modul A4		
	Eigene Berechnung	***Software***
Binder Normaler Transport	230,66 kg CO2-eq.	*170,54 kg CO2-eq.*
Binder Sondertransport 1 Fischbauträger, Holzleimbinder	414,26 kg CO2-eq.	*291,33 kg CO2-eq.*
Binder Sondertransport 2 Mehrfeldträger als Satteldachträger	42,08 kg CO2-eq.	*16,51 kg CO2-eq.*
Stützen Transport (Holz)	82,22 kg CO2-eq.	*45,83 kg CO2-eq.*
Stützen Betonfertigteil	403,15 kg CO2-eq.	*298,07 kg CO2-eq.*
Ortbeton Bodenplatte + Fundament +Decke Sozialraum	14.302,88 kg CO2-eq.	*10.259,14 kg CO2-eq.*
Bewehrung	715,84 kg CO2-eq.	*456,07 kg CO2-eq.*
Summe	**16.551,66 kg CO2-eq.**	***11.868,26 kg CO2-eq.***
Stahlbetonbauweise - Modul A4		
	Eigene Berechnung	***Software***
Fertigteile - Sondertransport	1.899,33 kg CO2-eq.	*1.197,19 kg CO2-eq.*
Fertigteile - Normal	4.257,22 kg CO2-eq.	*2.712,31 kg CO2-eq.*
Ortbeton - Fundamente + Bodenplatte	15.150,30 kg CO2-eq.	*7.863,80 kg CO2-eq.*
Bewehrung Ortbeton	677,87 kg CO2-eq.	*431,88 kg CO2-eq.*
Decke - Fertigteil - Sondertransport	432,68 kg CO2-eq.	*275,67 kg CO2-eq.*
Summe	**22.417,40 kg CO2-eq.**	***12.480,85 kg CO2-eq.***

	GWP-Total	
	Holzbauweise	***Stahlbetonbauweise***
GWP	210.054,48 kg CO2-eq.	*435.077,34 kg CO2-eq.*
Davon A2	*2.173,53 kg CO2-eq.*	
A4	16.551,66 kg CO2-eq.	*22.417,40 kg CO2-eq.*
Gesamt	**226.606,15 kg CO2-eq.**	***457.494,74 kg CO2-eq.***
Differenz Holz zu Beton	230.888,60 kg CO2-eq.	

Mit Bodenplatte + Fundament		
Holztragwerk	***Stahlbetontragwerk***	**Differenz**
16.551,66 kg CO2-eq.	*22.417,40 kg CO2-eq.*	5.865,74 kg CO2-eq.
ohne Bodenplatte + Fundament		
Holztragwerk	***Stahlbetontragwerk***	**Differenz**
1.532,94 kg CO2-eq.	*6.156,55 kg CO2-eq.*	4.623,61 kg CO2-eq.

Anhang 3.8.2 Berechnungsergebnisse Szenario 2

Holzbauweise - Modul A2		
	Eigenes Tool	***Software***
Transport Holz von Wald ins Werk	245,40 kg CO2-eq.	*330,77 kg CO2-eq.*
Holzbauweise - Modul A4		
	Eigenes Tool	***Software***
Binder Normaler Transport	2.040,80 kg CO2-eq.	*1.567,32 kg CO2-eq.*
Binder Sondertransport 1 Fischbauträger, Holzleimbinder	3.493,60 kg CO2-eq.	*2.677,41 kg CO2-eq.*
Binder Sondertransport 2 Mehrfeldträger als Satteldachträger	194,29 kg CO2-eq.	*148,44 kg CO2-eq.*
Stützen Transport (Holz)	548,44 kg CO2-eq.	*421,19 kg CO2-eq.*
Stützen Betonfertigteil	274,38 kg CO2-eq.	*298,07 kg CO2-eq.*
Ortbeton Bodenplatte + Fundament +Decke Sozialraum	9.734,48 kg CO2-eq.	*10.259,14 kg CO2-eq.*
Bewehrung	487,19 kg CO2-eq.	*456,07 kg CO2-eq.*
Summe	**17.018,58 kg CO2-eq.**	***16.158,41 kg CO2-eq.***
Stahlbetonbauweise - Modul A4		
	Eigenes Tool	***Software***
Fertigteile - Sondertransport	1.307,23 kg CO2-eq.	*1.197,19 kg CO2-eq.*
Fertigteile - Normal	2.897,44 kg CO2-eq.	*2.712,31 kg CO2-eq.*
Ortbeton - Fundamente + Bodenplatte	8.400,54 kg CO2-eq.	*7.863,80 kg CO2-eq.*
Bewehrung Ortbeton	461,36 kg CO2-eq.	*431,88 kg CO2-eq.*
Decke - Fertigteil - Sondertransport	322,80 kg CO2-eq.	*275,67 kg CO2-eq.*
Summe	**13.389,36 kg CO2-eq.**	***12.480,85 kg CO2-eq.***

	GWP-Total	
	Holzbauweise	***Stahlbetonbauweise***
GWP	210.054,48 kg CO2-eq.	*435.077,34 kg CO2-eq.*
A2	2.173,53 kg CO2-eq.	
A4	17.018,58 kg CO2-eq.	*13.389,36 kg CO2-eq.*
Gesamt	**227.073,06 kg CO2-eq.**	***448.466,70 kg CO2-eq.***
Differenz Holz zu Beton	**221.393,64 kg CO2-eq.**	

Mit Bodenplatte + Fundament		
Holztragwerk	***Stahlbetontragwerk***	**Differenz**
17.018,58 kg CO2-eq.	*13.389,36 kg CO2-eq.*	***-3.629,22 kg CO2-eq.***
ohne Bodenplatte + Fundament		
6.796,91 kg CO2-eq.	*4.204,66 kg CO2-eq.*	**-2.592,25 kg CO2-eq.**

Anhang 3.8.3 Berechnungsergebnisse Szenario 3

Holzbauweise - Modul A2 mittels Software		
	Eigenes Tool	***Software***
Holz aus Finnland per Schiff von Hanko nach Lübeck (1051 km) - Berechnung Software	*2.712,71 kg CO2-eq.*	
Transport Lübeck zu Werk 606 km	7.435,67 kg CO2-eq.	*5.827,60 kg CO2-eq.*
Holzbauweise - Modul A4		
	Eigenes Tool	***Software***
Binder Normaler Transport	156,98 kg CO2-eq.	*170,54 kg CO2-eq.*
Binder Sondertransport 1 Fischbauträger, Holzleimbinder	268,80 kg CO2-eq.	*291,33 kg CO2-eq.*
Binder Sondertransport 2 Mehrfeldträger als Satteldachträger	14,95 kg CO2-eq.	*16,51 kg CO2-eq.*
Stützen Transport (Holz)	42,19 kg CO2-eq.	*45,83 kg CO2-eq.*
Stützen Betonfertigteil	274,38 kg CO2-eq.	*298,07 kg CO2-eq.*
Ortbeton Bodenplatte + Fundament +Decke Sozialraum	9.734,48 kg CO2-eq.	*10.259,14 kg CO2-eq.*
Bewehrung	487,19 kg CO2-eq.	*456,07 kg CO2-eq.*
Summe	**21.127,35 kg CO2-eq.**	***20.077,80 kg CO2-eq.***
Stahlbetonbauweise - Modul A4		
	Eigenes Tool	***Software***
Fertigteile - Sondertransport	1.307,23 kg CO2-eq.	*1.197,19 kg CO2-eq.*
Fertigteile - Normal	2.897,44 kg CO2-eq.	*2.712,31 kg CO2-eq.*
Ortbeton - Fundamente + Bodenplatte	8.400,54 kg CO2-eq.	*7.863,80 kg CO2-eq.*
Bewehrung Ortbeton	461,36 kg CO2-eq.	*431,88 kg CO2-eq.*
Decke - Fertigteil - Sondertransport	322,80 kg CO2-eq.	*275,67 kg CO2-eq.*
Summe	**13.389,36 kg CO2-eq.**	***12.480,85 kg CO2-eq.***

	GWP-Total	
	Holzbauweise	***Stahlbetonbauweise***
GWP	210.054,48 kg CO2-eq.	*435.077,34 kg CO2-eq.*
A2	2.173,53 kg CO2-eq.	
A4	21.127,35 kg CO2-eq.	*13.389,36 kg CO2-eq.*
Gesamt	**231.181,83 kg CO2-eq.**	***448.466,70 kg CO2-eq.***
Differenz Holz zu Beton	217.284,87 kg CO2-eq.	

Mit Bodenplatte + Fundament		
Holztragwerk	**Stahlbetontragwerk**	**Differenz**
21.127,35 kg CO2-eq.	13.389,36 kg CO2-eq.	***-7.737,99 kg CO2-eq.***
ohne Bodenplatte + Fundament		
11.392,87 kg CO2-eq.	4.527,47 kg CO2-eq.	***-6.865,41 kg CO2-eq.***

Anhang 3.8.4 Berechnungsergebnisse Szenario 4

Holzbauweise - Modul A2		
	Eigenes Tool	***Software***
Annahme Holz aus Finnland per Schiff von Hanko nach Lübeck - 1051 km - Berechnung Software	*2.712,71 kg CO2-eq.*	
Transport Lübeck zu Werk 606 km mit Bahn (Annahme 20 g CO2 eq/tkm)	2.210,00 kg CO2-eq.	*2.060,00 kg CO2-eq.*
Holzbauweise - Modul A4		
	Eigenes Tool	***Software***
Binder Normaler Transport	156,98 kg CO2-eq.	*170,54 kg CO2-eq.*
Binder Sondertransport 1 Fischbauträger, Holzleimbinder	268,80 kg CO2-eq.	*291,33 kg CO2-eq.*
Binder Sondertransport 2 Mehrfeldträger als Satteldachträger	14,95 kg CO2-eq.	*16,51 kg CO2-eq.*
Stützen Transport (Holz)	42,19 kg CO2-eq.	*45,83 kg CO2-eq.*
Stützen Betonfertigteil	274,38 kg CO2-eq.	*298,07 kg CO2-eq.*
Ortbeton Bodenplatte + Fundament +Decke Sozialraum	9.734,48 kg CO2-eq.	*10.259,14 kg CO2-eq.*
Bewehrung	487,19 kg CO2-eq.	*456,07 kg CO2-eq.*
Summe	**15.901,68 kg CO2-eq.**	***13.597,49 kg CO2-eq.***
Stahlbetonbauweise - Modul A4		
	Eigenes Tool	***Software***
Fertigteile - Sondertransport	1.307,23 kg CO2-eq.	*1.197,19 kg CO2-eq.*
Fertigteile - Normal	2.897,44 kg CO2-eq.	*2.712,31 kg CO2-eq.*
Ortbeton - Fundamente + Bodenplatte	8.400,54 kg CO2-eq.	*7.863,80 kg CO2-eq.*
Bewehrung Ortbeton	461,36 kg CO2-eq.	*431,88 kg CO2-eq.*
Decke - Fertigteil - Sondertransport	322,80 kg CO2-eq.	*275,67 kg CO2-eq.*
Summe	**13.389,36 kg CO2-eq.**	***12.480,85 kg CO2-eq.***

	GWP-Total	
	Holzbauweise	***Stahlbetonbauweise***
GWP	210.054,48 kg CO2-eq.	*435.077,34 kg CO2-eq.*
A2	2.173,53 kg CO2-eq.	
A4	15.901,68 kg CO2-eq.	*13.389,36 kg CO2-eq.*
Gesamt	**225.956,16 kg CO2-eq.**	***448.466,70 kg CO2-eq.***
Differenz Holz zu Beton	222.510,54 kg CO2-eq.	

Mit Bodenplatte + Fundament		
Holztragwerk	**Stahlbetontragwerk**	**Differenz**
15.901,68 kg CO2-eq.	13.389,36 kg CO2-eq.	***-2.512,32 kg CO2-eq.***
ohne Bodenplatte + Fundament		
6.167,20 kg CO2-eq.	4.527,47 kg CO2-eq.	***-1.639,74 kg CO2-eq.***

Anhang 4: Erklärung zum Nachweis der Verwendung von KI-Systemen

Genutzter Funktionsumfang in Hinblick auf

- Themenerfassung und Strukturierung (Aufgabenstellung, Forschungsansatz, Gliederung)

Produktname des eingesetzten Hilfsmittels	Link/URL	Genutzter Funktionsumfang/ Beschreibung der Verwendungsweise
ChatGPT	https://chatopenai.de/	Nutzung zur Erstellung einer Gliederung, sowie zur Optimierung dieser. Des Weiteren wurde die KI genutzt, um eigene Gedanken zu strukturieren umso gezielter Themen abzuarbeiten und einen roten Faden zu wahren
Google Gemini	https://gemini.google.com	Ebenfalls zur Ideenfindung und Strukturierung von Argumentationsketten eingesetzt

- Recherche (Findung, Auswahl und Auswertung von Quellen)

Produktname des eingesetzten Hilfsmittels	Link/URL	Genutzter Funktionsumfang/Beschreibung der Verwendungsweise
ChatGPT	https://cha topenai.de/	Die KI wurde genutzt, um Fachartikel, Studien und relevante Literatur zu suchen. Alle verwendeten Quellen wurden anschließend eigenständig verifiziert und bewertet
Google Gemini	https://gem ini.google. com	Die KI wurde unterstützend eingesetzt, um relevante Fachartikel, Studien und Normen zu identifizieren. Alle Quellen wurden kritisch geprüft. Die KI diente lediglich als Werkzeug zur Suche

- Formale Gestaltung, insbesondere Sprache (Textgenerierung, Textkorrektur, Übersetzungen, kreatives Schreiben)

Produktname des eingesetzten Hilfsmittels	Link/URL	Genutzter Funktionsumfang/ Beschreibung der Verwendungsweise
DeepL Write	https://www.deepl.com/de/write/	Gelegentliche Umformulierung von Sätzen zur Verbesserung des sprachlichen Ausdrucks. Bestehende Absätze wurden eingefügt, um passendere Synonyme und alternative Formulierungen zu finden
Google Gemini	https://gemini.google.com	Einsatz zur sprachlichen Überarbeitung und formalen Gestaltung des Textes. Dies beinhaltete die Korrektur von Rechtschreibung und Grammatik, das Finden von Synonymen zur stilistischen Verbesserung sowie die Unterstützung bei der Formatierung des Literaturverzeichnisses. Es wurden keine inhaltlichen Textpassagen von der KI generiert, die nicht zuvor vom Verfasser eigenständig formuliert wurden
ChatGPT	https://chatopenai.de/	Einsatz zur sprachlichen Überarbeitung und formalen Gestaltung des Textes. Dies beinhaltete die Korrektur von Rechtschreibung und Grammatik, das Finden von Synonymen zur stilistischen Verbesserung sowie die Unterstützung bei der Formatierung des Literaturverzeichnisses. Es wurden keine inhaltlichen Textpassagen von der KI generiert, die nicht zuvor vom Verfasser eigenständig formuliert wurden

Kolibri 360 GmbH
Ferdinand-Jühlke-Straße 7
99095 Erfurt, Deutschland
produktsicherheit@kolibri360.de